Ewiges Sein

Aktuelle Ergebnisse moderner Hochpräzisionstechnologien führen uns vor Augen, dass wir die Grenzen des Universums bald verstehen werden; mehr noch, aus den Messdaten muss geschlussfolgert werden, dass unser Universum nur ein Zwischenglied von sehr vielen lebensfreundlichen Universen ist. Die Erkenntnisse der letzten Jahrzehnte aus den Bereichen Kosmologie, Teilchenphysik und selbstorganisierender Komplexität verändern die Sicht auf unsere Welt für jeden von uns. Der Status quo der Wissenschaft erlaubt es uns, mit nur wenigen einfachen logischen Gedankengängen unsere bisherige, lineare Sicht auf das Leben, mit dem Tod als absolutem Schlusspunkt, mit einer zirkulären Sicht auf das ewig komplexe Leben abzulösen.

René Rübenhagen, geboren 1971 in Bremen, studierte Biologie in Osnabrück und promovierte im Fach Biochemie an der Universität zu Köln. Heute lebt er in Schwerin und arbeitet als Wissenschaftler in einem mittelständischen Unternehmen.

René Rübenhagen

Ewiges Sein

Eine moderne Sicht auf den Sinn des Lebens

und unsere Stellung im Kosmos

1. Auflage | Mai 2015

Copyright © 2015 René Rübenhagen

Titel der Originalausgabe: Ewiges Sein
Herstellung und Druck: Amazon Distribution GmbH, Leipzig
Printed in Germany.

Alle Rechte vorbehalten.

ISBN-13: 978-1512136586
ISBN-10: 1512136581

Inhaltsverzeichnis

Vorwort..7

Teil I Warum Sein und nicht Nichtsein....................................9
1 Fragen und Gefühle, die uns bewegen.................................9
2 Unser höchst unwahrscheinliches Universum......................11
3 Sechs lebenswichtige Naturkonstanten................................15
4 Ewiges Sein...23

Teil II Vom extrem Kleinen zum extrem Komplexen...........29
5 Das Innere der Materie..29
6 Urquell des Lebens: Gravitation..37
7 Die Entstehung des Lebens – speziell..................................40
8 Die Entstehung der Komplexität und des Lebens – allgemein...44

Teil III Vom extrem Kleinen zum extrem Großen...............65
9 Die Entstehung unseres jetzigen Universums.....................65
10 Medizinball versus Inflatonen..71
11 Das allererste Universum...74

Teil IV Vom Anfang zum Ende und wieder zum Anfang...81
12 Zyklen aus Leben und Tod: die Erde.................................81
13 Das Fast-Aussterben der Menschen...................................84

14 Der Hitzetod des Lebens auf der Erde..89

15 Sterbende Sterne und das Innere Schwarzer Löcher................92

16 Zyklen von Universen – vier Szenarien......................................96

16.1 Der große Rückprall..96

16.2 Ende gleich Anfang...102

16.3 Evolution der Universen...106

16.4 Intelligentes Leben als Schöpfer..110

Teil V Zyklen des komplexen Seins..114

17 Postulate...114

18 Zirkuläre Sicht auf das Ewige Sein..115

Glossar..120

Literatur...124

Vorwort

Sie halten nicht nur ein Buch über Kosmologie in den Händen. Vielmehr ist es ein Buch über die Beziehung unseres unvorstellbar großen Universums zu unserem eigenen Leben und Tod. Unser Tod ist hierbei nicht die Sackgasse auf einem ansonsten geraden Weg, vielmehr unterliegt das Wegenetz des Universums ständigen Änderungen – nichtsdestotrotz wird dieses Wegenetz auf immer und ewig fortbestehen!

Nicht wenige Menschen wundern sich über meine Begeisterung für Themen der Kosmologie. Auf der anderen Seite spekulieren und diskutieren viele Menschen gerne über grundlegende Fragen des Lebens und des Tods. Ich bin jedoch der Überzeugung, dass diese Fragen nicht ohne unser aktuelles Wissen über kosmologische Themen beantwortet werden können. Dies bedeutet auch, dass wir dank neuer, wissenschaftlich fundierter Erkenntnisse zum ersten Mal in der Menschheitsgeschichte in der Lage sind, die Antworten auf unsere Fragen auf seriöse Füße stellen können.

Die meiste Zeit meines Lebens war ich der Überzeugung, dass das Leben im Grunde genommen doch ziemlich sinnlos ist, weil wir ja sowieso irgendwann tot sein werden. Auch die gesamte Menschheit wird irgendwann sterben, spätestens wenn der letzte Stern im Universum erloschen ist. Wenn wir also sowieso den allergrößten Rest der Ewigkeit tot sein werden, hat unser Dasein dann überhaupt einen Sinn? Irgendwann gelangte ich zu der Überzeugung, auf diese Frage keine Antwort finden zu können und ging dazu über, das Leben halt so zu nehmen, wie es ist.

Ich erinnerte mich wieder an meine alte Leidenschaft, der ich bereits als junger Erwachsener nachgegangen war: Astronomie und Kosmologie. Auf diesem Umweg und nach einigen aha-Momenten beim Lesen von Büchern und Artikeln zu diesen und benachbarten Themen fügte sich mir ein Gesamtbild des Kreislaufs des komplexen Seins im Universum zusammen, das die Grundlage für dieses Buch bildete. Über einen Zeitraum von ca. drei Jahren habe ich an ca. 50 Tagen, meist war es Sonntag nachmittags, dieses Buch geschrieben.

Natürlich ist es jedem sich selbst überlassen, eigene Antworten auf die großen Fragen seines Lebens zu finden. Sofern Sie jedoch wie ich von dem Gedanken fasziniert sind, dass sich die Welt aus sich selber heraus geschaffen haben könnte, ohne dass hierfür übernatürliche Kräfte notwendig sind, dann begleiten Sie mich auf eine Reise zum extrem Kleinen, zum extrem Großen und zum ewigen Zyklus des extrem Komplexen. Die Erkenntnisse, die wir auf unserer Reise gewinnen werden, fügen sich im letzten Teil dieses Buches zu einer modernen philosophischen Sicht auf unser Leben und unser Sein im Kosmos zusammen.

Schwerin, Mai 2015

René Rübenhagen

… Eine moderne Sicht auf den Sinn des Lebens und unsere Stellung im Kosmos

Teil I Warum Sein und nicht Nichtsein

1 Fragen und Gefühle, die uns bewegen

Warum leben wir? Leben wir nach unserem Tod weiter? Hat das Leben einen Sinn? Warum gibt es die Welt? Worin liegen die Gründe, dass der Mensch das Universum beherbergt? Bin ich nur ein Körper aus Materie? Wie soll ich mein eigenes Ich in dieser Welt einordnen? Warum soll ich in dieser Welt weiterleben, wenn sowieso irgendwann alles vorbei ist? Ich fühle mich wie ein Nichts vor dem Hintergrund der Größe und des Alters des Universums. Ich fühle mich wertlos, denn ohne mich würde sich die Welt genauso weiterdrehen.

Wir suchen nach Antworten auf unsere Fragen und nach einem Sinn für unser Leben. Viele Menschen haben für sich selber Antworten gefunden, meist geprägt vom Glauben an einen Gott oder übernatürliche Kräfte. Viele Menschen sind dagegen noch immer auf der Suche nach Antworten und würden mit der Beantwortung ihrer Fragen, bewusst oder unbewusst, mehr Lebensfreude empfinden, würden mit mehr positiver Energie in die Zukunft blicken, würden eine tiefe innere Zufriedenheit spüren und mit mehr Ausgeglichenheit dem Alltag begegnen.

Dieses Buch gibt Antworten auf unsere Fragen. Diese lassen sich zwar nicht in wenigen Sätzen zusammenfassen (auch wenn ich dies in Kapitel 17 und 18 versuchen werde), vielmehr möchte ich Ihnen ein

Grundverständnis vermitteln, dass wir ewig existieren werden, dass unsere Energie ewig bestehen bleibt und dass wir Teil eines ewigen Kreislaufs sind, der niemals enden wird. Die Herleitungen werden auf rein logischem Menschenverstand beruhen, basierend auf den neuesten Erkenntnissen aus den Bereichen Kosmologie, Teilchenphysik und selbstorganisierender Komplexität (Begriffserklärungen: siehe Glossar).

Wir werden uns auf eine Reise begeben nicht nur vom Anfang und Ende unseres Universums, unseres Sonnensystems, des Lebens auf der Erde und unserer Menschheitsgeschichte, sondern auch in eine Zeit vor und nach unserem Universum.

Ja, Sie haben richtig gelesen! Wenn wir die obigen Fragen ohne den Glauben an übernatürliche Kräfte beantworten wollen, ist es unabdingbar, dass wir weiter denken als in den Dimensionen unseres schier unvorstellbar großen und alten Universums. Mit Hilfe der Hochpräzisionstechnologie, speziell in der Kosmologie, sind wir nach Jahrtausenden der Menschheitsgeschichte an einen Punkt angelangt, an dem wir wissenschaftlich basierte Gedankenmodelle aufstellen können, die es uns endlich erlauben, Antworten auf unsere Fragen zu finden.

Die Erkenntnisse aus den wissenschaftlichen Forschungszweigen sowie meine Beweisführungen zu meiner These des Ewigen Seins werde ich in anschaulichen, leicht verständlichen Worten formulieren. Alle Fachwörter werde ich in einfachen Worten erklären, zudem sind sie in einem Glossar am Ende des Buches beschrieben. Ein großer Teil des Buches beschreibt wissenschaftlich anerkannte Erkenntnisse, andere Teile sind wissenschaftlich basierte Mutmaßungen, wiederum andere Teile sind spekulative Ideen bzw. subjektive Schlussfolgerungen aus den wissenschaftlichen Erkenntnissen und Mutmaßungen. Stets war es mein Bestreben zu vermitteln, welchem dieser Teile die jeweiligen Aussagen dieses Buches zuzuordnen sind.

2 Unser höchst unwahrscheinliches Universum

Haben Sie schon einmal versucht, einen spitzen Bleistift mit der Spitze nach unten auf einer Glasplatte auszubalancieren, so dass er auf der Spitze stehenbleibt? Die Wahrscheinlichkeit, dass in unserem Universum Leben existiert, ist viel, viel kleiner als die Wahrscheinlichkeit, dass der Bleistift auf der Spitze stehenbleibt!

Martin Rees, Royal Society Research Professor in Cambridge und einer der anerkanntesten Astrophysiker der Gegenwart, hat das wunderschöne Buch „Just Six Numbers" geschrieben. In seinem Buch beschreibt er, wie unglaublich exakt die sechs grundlegenden Naturkonstanten (siehe Kapitel 3) abgestimmt sind, so dass Leben oder gar Sterne und Planeten in unserem Universum überhaupt existieren können. Wenn auch nur eine einzige dieser sechs Naturkonstanten einen auch nur gering abweichenden Wert hätte, dann wäre die Entwicklung von Leben in diesem Universum völlig unmöglich gewesen! Im nachfolgenden Kapitel werde ich auf die Erkenntnisse von Martin Rees noch im Detail eingehen, doch zunächst beschreibe ich, welche weitreichende Folgen seine Erkenntnisse für unseren Blick auf die Entstehung unseres Universums haben.

Die bisher gängige wissenschaftliche Vorstellung ist, dass unser Universum vor ca. 13,8 Milliarden Jahren entstanden ist und dass alle Sterne in ca. 100 Billionen Jahren erloschen sein werden und damit auch die Grundlage allen Lebens.[7] Das Ende des Universums ist dann besiegelt und es folgt nichts anderes als totale Schwärze ohne komplexe Strukturen, die einen Neubeginn zulassen könnten.

Jetzt überlegen wir aber einmal ausschließlich mit unserem logischen und gesunden Menschenverstand, wie wahrscheinlich es ist, dass in der unvorstellbaren langen Zeit vor unserem Universum nichts anderes als schwarzes Nichts existiert hat. Und wie wahrscheinlich ist es, wieder basierend auf rein logischem Menschenverstand, dass nach dem Erlöschen aller Sterne unseres Universums nichts weiter als schwarzes Nichts übrig bleiben wird?

Die Antwort ist, dass diese Wahrscheinlichkeit viel, viel kleiner ist als die Wahrscheinlichkeit, dass es gelingt, einen Bleistift mit der Spitze nach unten auf einer Glasplatte zu balancieren! Es ist praktisch nicht vorstellbar, dass unser Universum aus purem Zufall und sofort im allerersten Anlauf, die Naturkonstanten so unglaublich fein aufeinander abgestimmt getroffen hat, so dass Leben entstehen konnte.

Daraus können wir schlussfolgern, dass die Vorgeschichte unseres Universums viel, viel länger zurückreichen muss als die 13,8 Milliarden Jahre seit dem Urknall. Wenn wir z.B. annehmen, dass unser heutiges Universum Teil eines zyklischen Universums ist, liefert uns dies die Grundlage einer Erklärung für die Entstehung des Urknalls. Basierend auf dieser Überlegung ist es dann mehr als naheliegend, dass auch unser jetziges Universum nicht im schwarzen Nichts enden wird, sondern ein Zwischenglied aus vielen, vielen Universen sein wird. In Kapitel 4 werde ich darauf eingehen, dass auch unsere Nachfolge-Universen nicht einsam und öde sein werden, sondern, genau wie unser Universum, komplexe und intelligente Lebensformen hervorbringen werden.

Tabelle 1: Gegenüberstellung der Wahrscheinlichkeit eines Universums, dass ad hoc Leben entstehen ließ (Ein Universum - Theorie), und der eines zyklischen Universums.

	Wahrscheinlichkeit
Ein Universum - Theorie	<< 0,001 %
Zyklisches Universum - Theorie	>> 99,999 %

Zur besseren Veranschaulichung habe ich in Tab. 1 die Wahrscheinlichkeiten, dass unser Universum aus dem Nichts heraus entstand und sofort im ersten Anlauf Leben entstehen ließ, bzw. dass unser Universum Teil eines zyklisches Universums ist, gegenübergestellt. Das Ergebnis ist eindeutig – es ist extrem viel wahrscheinlicher, dass es mehrere Universen gegeben hat. Durch viele Anläufe in der Vorgeschichte unseres Universums wird es schlicht und einfach wahrscheinlicher, dass sich in einem dieser Universen, nämlich in unserem, Leben entwickeln konnte.

Sie fragen sich nun vielleicht, warum die oben dargestellten Überlegungen bisher nicht in die wissenschaftliche Lehrmeinung eingeflossen sind. Das Problem besteht darin, dass bisher keinerlei Beobachtungen vorliegen, die die frühere Existenz eines anderen Universum nahelegen. Wissenschaftler arbeiten jedoch nach dem von Karl Popper 1937 aufgestellten Prinzip, dass wissenschaftliche Theorien falsifizierbar sein müssen, d.h. Annahmen müssen durch Beobachtungen entweder bestätigt oder widerlegt werden können. Also ganz unabhängig davon, wie wahrscheinlich die Existenz eines Vorgänger-Universums auch sein mag, gehen solche Überlegungen nicht in die seriöse Wissenschaft ein – neue Erkenntnisse gelten erst dann als anerkannt, wenn sie in mindestens zwei unabhängigen Beobachtungen als richtig bestätigt wurden. Rein theoretische Überlegungen können also nicht zum wissenschaftlichen Allgemeingut werden. Die Wissenschaft erfährt allerdings in ihren Extrembereichen der Kosmologie und Teilchenphysik eine immer größere Aufspreizung zwischen theoretischem Erkenntnisgewinn und technischer Machbarkeit wissenschaftlicher Beobachtungsmöglichkeiten.

Das Prinzip der Falsifizierbarkeit hat sich bewährt, denn es grenzt die Wissenschaft klar von spekulativen Überlegungen ab. Jedoch wird von vielen Kosmologen, eben weil sich ein Vorgänger-Universum nicht beweisen lässt, die beim Urknall vorherrschende, auf einen Punkt komprimierte Energie als gegeben angenommen. Die unlogische Annahme (kein Vorgänger-Universum) wird damit also der logischen Annahme (Vorgänger-Universum) vorgezogen, nur weil für die logische Annahme die Beweise fehlen! Leider wird dabei vergessen, dass für die unlogische Annahme ebenfalls die Beweise fehlen.

Für die Annahme, dass es <u>kein</u> Vorgänger-Universum gegeben hat, sollten generell die gleichen Regeln der Falsifizierbarkeit gelten wie für die Annahme, <u>dass</u> es ein Vorgänger-Universum gegeben hat. Solange keine der beiden Annahmen widerlegt wurde, sollte nicht die ältere sondern die wahrscheinlichere Annahme als aktuelle Lehrmeinung veröffentlicht werden.

3 Sechs lebenswichtige Naturkonstanten

Dieses Kapitel beschreibt die im vorangegangenen Kapitel erwähnten sechs Naturkonstanten, deren exakte Größen für die Entstehung von Leben in unserem Universum so elementar sind, im Detail.[6,18] Wem dieses Kapitel zuviel Physik enthält, der kann dieses ruhigen Gewissens überspringen und kann beim nächsten Kapitel weiterlesen, ohne Verständnisprobleme für das übrige Buch befürchten zu müssen.

1.) *N*: Die Ratio zwischen der elektrischen Kraft und der Gravitation beträgt 10^{36} (dies ist eine unvorstellbar große Zahl mit 36 Nullen).

Die Gravitationskraft ist also extrem viel schwächer als die elektrische Kraft. Die uns tagtäglich bekannten Auswirkungen der Gravitation bemerken wir erst bei sehr, sehr großen Massen, wie z.B. der Erde oder der Sonne. Wenn die Gravitation auch nur annähernd so groß wäre wie die elektrische Kraft, würden z.B. zwei Menschen, die sich begegnen, auf einander zufliegen und könnten sich nicht mehr voneinander lösen.

Natürlich wären die Auswirkungen einer stärkeren Gravitation bzw. einer schwächeren elektrischen Kraft viel fundamentaler. Wenn die Ratio nicht 10^{36} sondern „nur" 10^{30} betrüge, dann wären z.B. Galaxien sehr viel kleiner als wir sie kennen, weshalb die Abstände zwischen den Sternen in einer Galaxie sehr viel kleiner wären. Aufgrund der resultierenden regelmäßigen Annäherungen von Nachbarsternen könnten sich keine stabilen Planetensysteme, wie z.B. unser Sonnensystem, ausbilden. Eine wesentliche Grundlage für Leben im Universum wäre also nicht mehr gegeben.

Noch viel dramatischer wäre aber, dass eine mittelgroße Sonne wie die unsere nicht 10 Milliarden Jahre alt werden würde sondern gerade einmal 10.000 Jahre. Diese Zeitspanne ist natürlich viel zu kurz, damit sich auch nur einfache Lebensformen entwickeln könnten.

2.) Ɛ (epsilon): Der Masse-Anteil, der sich bei der Kernfusion in Energie umwandelt, beträgt 0,7%.

Bei der im Inneren unserer Sonne stattfindenden Kernfusion entstehen Heliumatome. Diese haben jedoch nur 99,3% der Masse von zwei Protonen und zwei Neutronen, aus denen sie aufgebaut sind. Die übrigen 0,7% der Masse verwandeln sich gemäß Einsteins berühmter Formel $E = mc^2$ in Energie, d.h. in das Sonnenlicht, welches für das Leben auf der Erde unerlässlich ist. Wie würde das Universum aber aussehen, wenn der Masse-Anteil 0,6% oder 0,8% betrüge?

Wenn die nukleare Kraft, die Protonen und Neutronen zusammenhält (diese wird „starke Kernkraft" genannt), soviel schwächer wäre, dass der oben besprochene Masse-Anteil nur 0,6% anstatt 0,7% betrüge, dann wären die Zwischenprodukte der Kernfusion nicht stabil, so dass es in unserem Universum nie zu Kernfusionsreaktionen gekommen wäre. Folglich hätte es nie Sonnenlicht gegeben und Leben hätte sich niemals entwickeln können.

Wenn die starke Kernkraft jedoch soviel stärker wäre, dass der oben besprochene Masse-Anteil 0,8% anstatt 0,7% betrüge, dann wären bereits kurz nach dem Urknall alle Protonen und Neutronen zu Heliumatomen fusioniert, so dass ein Universum ohne Wasserstoff entstanden wäre. Das Universum hätte z.B. kein Wasser enthalten, so dass die Entwicklung von Leben unmöglich gewesen wäre.

3.) Ω (omega): Die Ratio zwischen der tatsächlichen und der kritischen Dichte des Universums liegt bei genau 1.

Seit Anbeginn unseres Universums, also seit dem Urknall, expandiert das Universum unaufhörlich, d.h. alle Galaxienhaufen entfernen sich voneinander. Falls die Masse des Universums ausreichen sollte, diese Expansion irgendwann einmal aufzuhalten ($\Omega > 1$), dann würde das Universum in ferner Zukunft wieder in sich zusammenstürzen. Falls die Masse des Universums hierfür jedoch nicht ausreichen sollte ($\Omega < 1$), dann würde sich die Expansion des Universums sogar noch beschleunigen.

Die beiden Kräfte, die sich hier gegenüberstehen, sind die Gravitationskraft des Universums auf der einen und dessen Expansionsrate auf der anderen Seite. Den Ursprung des Gleichgewichts der beiden Kräfte finden wir bereits in den Anfängen des Universums. Wenn einer der beiden Kräfte größer oder kleiner „gewählt" worden wäre, dann wäre entweder die Expansion des Universums so schnell gewesen, dass die Gravitation niemals hätte Galaxien und Sterne entstehen lassen können, oder aber das Universum wäre unter seiner eigenen gravitativen Kraft wieder in sich zusammengefallen, noch bevor sich Leben hätte entwickeln können.

An dieser Stelle sei angemerkt, dass durch neue astronomische Beobachtungen seit der Jahrtausendwende Ω inzwischen mit einer Genauigkeit von ±0,02 berechnet wurde; dadurch wurde gezeigt:

Es gilt $\Omega = 1$! Dies macht viele Kosmologen sehr glücklich, weil sie daraus ableiten, dass Universen buchstäblich aus dem Nichts entstehen können; demnach spaltet sich das Nichts zum Zeitpunkt des Urknalls in eine positive Energie (Materie und Strahlung) und eine negative Energie (Dunkle Energie, siehe Punkt 4) auf, wobei die Gesamtenergie des Universums aber nach wie vor null bleibt.[12]

4.) Ω_Λ (Lambda von Omega)* : Der Anteil der Dunklen Energie an der Energiedichte des Universums liegt bei ~ 0,7.

Das Alter unseres Universums liegt bei ca. 13,8 Milliarden Jahren. Kosmologen schließen aus astronomischen Beobachtungsdaten der letzten Jahre, dass sich die Expansionsrate des Universums seit wenigen Milliarden Jahren beschleunigt. Die Ursache hierfür liegt im stetig zunehmenden relativen Anteil der Dunklen Energie an der Energiedichte des Universums, zur Zeit liegt der relative Anteil der Dunklen Energie bei ca. 70%.

Zusammen mit der Dunklen und sichtbaren Materie (Anteil $\approx$ 0,3) liegt die Energiedichte damit bei dem unter Punkt 3 beschriebenen Wert von genau 1. Mit einer geringeren Wirkung der Dunklen Energie hätte das Universum also bereits nach wenigen Milliarden Jahren begonnen, sich wieder zusammenzuziehen und in sich zu kollabieren. In Anbetracht der Tatsache, dass Gesteinsplaneten nur aus den Überresten von Supernovae entstehen können (siehe Kapitel 6), wäre der Zeitraum zum Entstehen von Leben dann wohl zu kurz gewesen. Ein höherer Anteil der Dunklen Energie hätte jedoch zu einem so schnellen Auseinanderdriften der Bestandteile des Universums geführt, dass weder Galaxien noch Sterne hätten entstehen können.

* Die von Martin Rees eigentlich dargestellte Konstante lautet Λ (bzw. λ, lambda) und beschreibt die kosmologische Konstante. Da jedoch umstritten ist, ob die Dunkle Energie umfassend mit der kosmologischen Konstanten beschrieben werden kann, habe ich hier die allgemeinere Form Ω_Λ gewählt.

5.) *Q*: Der Energie-Unterschied, der die genau notwendige Homogenität des Universums beschreibt, beträgt 10^{-5}.

Zu Beginn des Universums, d.h. bereits in der ersten Millisekunde nach dem Urknall, war das Universum nicht komplett homogen. Wenn dies der Fall gewesen wäre, hätten sich niemals sogenannte Kondensationskeime für die Bildung von Sternen, Galaxien, Galaxienhaufen und Superhaufen (Ansammlungen von Galaxienhaufen) bilden können. Die Kosmologen sprechen in diesem Fall von der kosmischen Textur, wobei der Grad der Rauhigkeit bereits zu Beginn des Universums als Naturkonstante festgelegt war. Das Ausmaß dieser Fluktuationen kann man mit dem Energie-Unterschied beschreiben, die zusätzlich benötigt würde, um Strukturen im Universum auseinandertreiben zu lassen anstatt dass die Gravitation sie zusammenhält. Diese Energie-Ratio beträgt für die größten Strukturen (Galaxienhaufen und Superhaufen) gerade einmal 1:100.000 (= 10^{-5}).

Dies bedeutet, dass die Gravitation so extrem schwach ist, dass „vermieden" wurde, dass Ansammlungen im Universum sehr viel kompakter sind als wir sie beobachten. Wenn nämlich Q deutlich größer als 10^{-5} gewesen wäre, dann wäre das meiste Gas im Universum von immer größer werdenden Schwarzen Löchern verschlungen worden, noch bevor sich Sterne hätten bilden können. Und die Sterne, die dennoch entstanden wären, hätten so wenig Abstand zwischen einander gehabt, dass sich keine stabilen Planetensysteme hätten bilden können und somit auch kein Leben.

Wenn Q jedoch kleiner als 10^{-5} gewesen wäre, dann wären die entstandenen Galaxien kraftlose Strukturen gewesen, in denen die Sternentstehung langsam und ineffizient gewesen wäre. Material aus Supernova-Explosionen, woraus in unserem Universum Planeten wie die Erde geformt wurden, wäre nicht innerhalb der Galaxie „recycelt" worden, sondern wäre durch die Kraft der Explosion aus der Galaxie herausgestoßen worden. Wenn Q sogar kleiner als 10^{-6} gewesen wäre, dann hätte sich das Gas im Universum sogar zu überhaupt keinen Strukturen zusammenklumpen können, so dass das Universum für immer dunkel und strukturlos und damit erst recht ohne Leben geblieben wäre.

6.) *D*: Die Anzahl der Raumdimensionen beträgt 3.

Für uns ist es selbstverständlich in einer Welt zu leben, die drei (makroskopische) Raumdimensionen hat. Trotz dessen ist die Anzahl der Raumdimensionen eine Naturkonstante, die in anderen Universen sowohl kleiner als auch größer sein könnte.

In einer Welt mit zwei oder weniger Raumdimensionen wäre aber z.B. die Bildung von Röhren, wie sie z.B. für den Bau von Verdauungstrakten notwendig sind, völlig unmöglich; die Entwicklung von komplexem Leben wäre in dieser Welt nicht denkbar. Auch eine Welt mit vier oder mehr Raumdimensionen würde kein Leben hervorbringen, weil sich dann lt. dem sogenannten Abstandsgesetz sowohl die Gravitation als auch die elektrische Kraft bei einer Verdopplung der Distanz zweier Massen bzw. geladener Teilchen nicht um den Faktor 4 (wie bei unserem Universum) sondern um den Faktor 8 verringern würde. Die Folge wäre, dass weder die Planetenbahnen um die Sonne noch die Elektronenbahnen um den Atomkern stabil wären, so dass folglich die Entstehung von Leben unmöglich wäre.

Neben den uns bekannten drei makroskopischen Raumdimensionen könnte es laut der Stringtheorie (siehe Kapitel 5) auch noch sechs oder sieben „aufgerollte" Extradimensionen geben, die viel kleiner sind als ein Atomkern. Diese Extradimensionen spielen jedoch für die Bewertung der oben beschriebenen makroskopischen Raumdimensionen keine Rolle, weil diese, falls es sie geben sollte, keinen Einfluss auf das Abstandsgesetz haben.

Es ist wichtig zu betonen, dass die oben beschriebenen sehr engen Grenzen der Naturkonstanten in unserem lebensfreundlichen Universum nicht per se bedeuten, dass abweichende Größen der Naturkonstanten Leben unmöglich machen würden. Wenn nämlich *gleichzeitig* zwei oder mehr Naturkonstanten kleiner oder größer wären, dann gibt es zahlreiche weitere Kombinationsmöglichkeiten von Naturkonstanten, die Leben ermöglichen würden.[11] Jedoch ist die Anzahl an Kombinationen, die lebensunfreundliche Universen hervorbringen würden, nach wie vor unvorstellbar viel größer als die Anzahl an Kombinationen, die lebensfreundliche Universen hervorbringen würden.

4 Ewiges Sein

In Kapitel 2 haben wir aus rein logischen Überlegungen heraus gelernt, dass unser aktuelles Universum aller Wahrscheinlichkeit nach nicht ad hoc entstanden sein kann und somit auch nicht gleich im ersten Schuss Bedingungen „gebären" konnte, die die Entstehung von Leben gewährleisten. Bevor zum allererstes Mal ein Universum mit lebensfreundlichen Bedingungen entstanden ist, muss es also einen Zyklus aus unzähligen Universen gegeben haben.

Erst als zum allererstes Mal ein lebensfreundliches Universum entstanden war, könnte sich ein immer währender Zyklus aus lebensfreundlichen Universen entwickelt haben. Alternativ wäre es natürlich auch denkbar, dass für jedes „Leben gebärende" Universum viele Milliarden oder Billionen Anläufe notwendig sind. Die allermeisten Universen wären demnach grau und leblos; dass unser Universum Leben beherbergt, wäre nichts weiter als ein Sechser im Lotto – so absolut unwahrscheinlich, dass dieses Ereignis so bald nicht noch einmal auftreten wird. Ich bin jedoch der festen Überzeugung, dass bereits das nächste Universum ebenfalls Leben beherbergen wird! Die Gründe für meine Überzeugung stelle ich in diesem Kapitel dar.

Zunächst müssen wir einen Ausflug in das anthropische Prinzip machen. Dies ist ein komplizierter Begriff, besagt aber nichts weiter als folgenden Sachverhalt: Wir brauchen uns nicht darüber zu wundern, dass unser Universum genau die Bedingungen aufweist, dass es lebensfreundlich ist. Wenn es nicht lebensfreundlich wäre, wären wir nie geboren worden und hätten uns folglich nie wundern können. Oder anders herum ausgedrückt: Weil wir leben und in der Lage sind uns zu wundern, muss unser Universum zwangsläufig lebensfreundliche Bedingungen aufweisen.

Es könnte folglich sein, dass unser Universum nur aus purem Glück und Zufall für uns so lebensfreundlich ist. Genau das glaube ich aber nicht! Schauen wir uns dazu Abbildung 1 an. Auf der dargestellten Zielscheibe sind zehn Universen per Zufall verteilt (weiße Punkte). Unser eigenes, jetziges Universum ist mit einem schwarzen Punkt dargestellt. Die gesamte Zielscheibe stellt den Bereich dar, in dem sich intelligente Lebewesen, wie z.B. Menschen, entwickeln können. Sowohl die inneren als auch die äußeren Bereiche der Scheibe symbolisieren die Bedingungen von Universen, die die Entstehung von Leben zulassen. In der Mitte der Scheibe sind die Bedingungen für die Entstehung von Leben demnach optimaler als es überhaupt notwendig wäre!

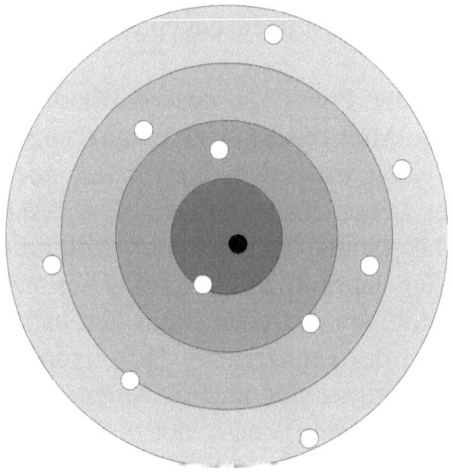

Abbildung 1: Die Zielscheibe stellt den Bereich an Bedingungen dar, die die Entstehung von intelligentem Leben zulassen. Die weißen Punkte stellen zehn zufallsverteilte Universen dar, deren Lebewesen in der Lage wären, sich zu fragen, warum ihr Universum lebensfreundlich ist. Der schwarze Punkt stellt unser eigenes Universum dar. Jeder „Treffer" auf der Zielscheibe erzeugt demnach ein Universum mit lebensfreundlichen Bedingungen. Warum ist unser Universum viel zielgenauer auf lebensfreundliche Bedingungen „eingestellt" als es für die Entstehung von Leben überhaupt notwendig gewesen wäre?

Unser Universum liegt sehr nah an der perfekten Mitte. Das bedeutet nichts anderes als: Unser Universum hat perfektere Bedingungen als aus reinen Zufallsüberlegungen zu erwarten wäre! Es ist nicht trivial festzustellen, wo auf dieser Zielscheibe unser Universum tatsächlich liegt. Im folgenden möchte ich darlegen, warum ich denke, dass unser Universum perfekter an die Entstehung von Leben angepasst ist, als es „nötig gewesen wäre".

Ein zentraler Punkt für unsere Überlegungen sind das bisherige Alter unseres Universums sowie der Zeitraum, bis wann in diesem Universum noch weiteres intelligentes Leben entstehen kann. Das bisherige Alter unseres Universums liegt bei 13,8 Milliarden Jahren. Für die ersten Jahrmilliarden können wir ausschließen, dass sich intelligentes Leben entwickelt hat. Zum einen entstanden in der Frühzeit des Universums sehr viele große Sonnen; diese sind nach so kurzer Zeit gestorben (Supernova-Explosion), dass der Zeitraum nicht ausreichte, Leben entstehen zu lassen. Zum anderen gab es nach ein paar Milliarden Jahren noch überhaupt keine Planeten oder Monde, weil deren Bausteine überhaupt erst durch Supernovae im Weltraum verteilt werden (siehe Kapitel 6).

Wie wir von unserem eigenen Planeten wissen, benötigte die Entwicklung von Landwirbeltieren ca. vier Milliarden Jahre. Zwar ist es denkbar, dass auf anderen Planeten und Monden Bedingungen vorlagen, die eine schnellere Entwicklung von Landwirbeltiere zuließen; ein deutlich kürzerer Zeitraum als vier Milliarden Jahren erscheint jedoch bei der Betrachtung der sehr langwierigen atmosphärischen Umwälzungen, die auf der Erde für die Entstehung von komplexem Leben notwendig waren, als sehr unwahrscheinlich.

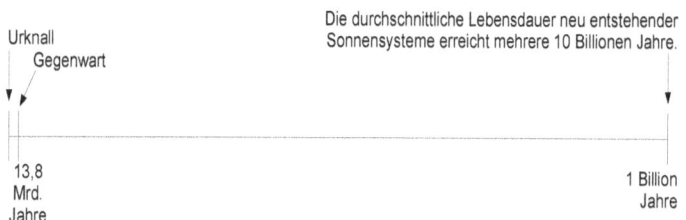

Abbildung 2: Veranschaulichung der Tatsache, dass der allergrößte Zeitraum lebensfreundlicher Bedingungen in unserem Universum noch vor uns liegt. Selbst in 1000 Milliarden (= 1 Billion) Jahren werden noch immer neue Sonnensysteme entstehen. Diese werden zum einen tausende Male langlebiger sein als unser Sonnensystem und zum anderen einen höheren Anteil erdähnlicher Planeten besitzen als heutzutage.[7]

Die zukünftige Lebensdauer unseres Universums bietet dagegen einen viel größeren Zeitraum, in dem Leben entstehen kann (siehe Abbildung 2). Sogar in mehreren Billionen Jahren wird es noch immer Planeten und Monde geben, auf denen sich Leben und intelligentes Leben neu entwickeln kann!

Da fragen wir uns doch zu Recht: Wenn es der absolut reinste Zufall gewesen sein soll, der unserem Universum lebensfreundliche Bedingungen beschert hat, wieso sind die Naturkonstanten dann so exakt „eingestellt", dass sich die allermeisten Lebewesen außerhalb der Erde wohl erst in ferner Zukunft entwickeln werden? Das anthropische Prinzip gibt uns nur für den heutigen Zeitpunkt eine Erklärung dafür, warum wir in der Lage sind, uns über ein lebensfreundliches Universum zu wundern. Es erklärt jedoch nicht, warum unser Universum auch in mehreren Billionen Jahren noch lebensfreundlich sein wird.

Offensichtlich liegt der Welt ein Mechanismus zugrunde, der vorwiegend lebensfreundliche Universen entstehen lässt. Martin Rees hat hierzu in seinem Buch „Warum gibt es die Welt?" einen interessanten Mechanismus vorgeschlagen, auf den ich in Kapitel 16 eingehen werde. Sein Erklärungsmodell ist natürlich nur eines unter vielen, für die Lebensfreundlichkeit von Universen lassen sich sicher noch zahlreiche weitere Erklärungsmodelle finden. Für uns bleibt auf jeden Fall festzuhalten, dass noch nicht einmal in ein paar Billionen Jahren die Welt stehen bleiben wird; auch danach werden auf immer und ewig komplexe, intelligente Lebensformen entstehen.

Wieso soll uns diese Erkenntnis nun aber die Angst vor dem Tod nehmen? Dazu werden wir uns in diesem Buch neben der Welt des ganz, ganz Großen auch die Welt des ganz, ganz Kleinen anschauen, sowie die fortwährende Entstehung von komplexen Strukturen, inkl. dem intelligenten Leben, aus weniger komplexen Strukturen. Am Ende des Buches werde ich dann alle gewonnenen Erkenntnisse zu einem Gesamtbild zusammenfügen.

Teil II Vom extrem Kleinen zum extrem Komplexen

5 Das Innere der Materie

Wir werden uns auf eine Reise begeben. Diese Reise führt uns in die tiefsten Strukturen der Materie – Strukturen, die noch viel kleiner sind als ein Atom. Diese subatomare Welt müssen wir betreten, um zu verstehen, dass in unserem Universum alles mit allem in Verbindung steht und dass die Materie, aus der wir bestehen, auf den allertiefsten Ebenen des Kleinen aus Energie aufgebaut ist.

Unserer klassischen Vorstellung nach kann alles in dieser Welt in kleinere und immer noch kleinere Bruchstücke zerteilt werden. Wir werden jedoch sehen, dass auf den allertiefsten Ebenen der Begriff Materie in den Begriff Energie übergeht. Zwar hat uns bereits Einstein gelehrt, dass Materie gleich Energie ist, doch sind sich die meisten Menschen über die Folgen dieser Erkenntnis nicht wirklich im Klaren. Die Materie, aus der wir bestehen, ist die gleiche Energie, aus der alles andere in diesem Universum auch aufgebaut ist. Mehr noch, selbst die grundlegenden Energieeinheiten, die unserem Universum die Struktur geben, sind dieselben, aus denen auch wir Menschen aufgebaut sind. Das einzige, das uns von den anderen Strukturen unterscheidet, ist der Grad der Komplexität (siehe Kapitel 8). Fangen wir aber am Anfang an.

Stellen Sie sich einen massiven Würfel aus Eisen mit einer Kantenlänge von einem Meter vor. Dieser Eisenblock besteht aus einem dichten Gitter von Eisenatomen. Wie wir wissen, sind Atome jedoch nicht massiv, sondern bestehen aus einem Atomkern und aus Elektronen, die den Atomkern umkreisen.

Während Elektronen als Teilchen ohne Ausdehnung beschrieben werden, liegt der Durchmesser des Atomkerns bei ca. einem Hunderttausendstel des gesamten Atoms.[20] Dies bedeutet, der größte Teil des Eisenwürfels besteht aus: nichts! Ohne den Freiraum zwischen Atomkern und Elektronen hätte der Eisenwürfel demnach eine Kantenlänge von gerade einmal 0,01 mm.

Doch dies ist noch nicht alles. Auch die Bestandteile der Atomkerne (Protonen und Neutronen) bestehen ihrerseits aus noch kleineren Teilchen (Quarks), diese wiederum tragen aber nur zu ca. 5% zur Masse der Atomkerne bei. Das heißt also, auch die Atomkerne bestehen zum größten Teil aus: nichts!

So ganz korrekt ist diese Darstellung natürlich nicht, denn unser Eisenwürfel mit einem Meter Kantenlänge ist natürlich trotzdem existent. Was wir uns an dieser Stelle aber klarmachen müssen, ist, dass sich der Eisenwürfel nicht aufgrund seiner materiellen Eigenschaften so massiv und nicht komprimierbar darstellt sondern aufgrund seiner energetischen Eigenschaften. Die energetischen Wechselwirkungen zwischen den winzig kleinen Bausteinen geben dem Eisenwürfel seine feste Struktur.

Eine moderne Sicht auf den Sinn des Lebens und unsere Stellung im Kosmos

Unsere Reise ins sehr, sehr Kleine geht aber noch weiter. Denn die wissenschaftlichen Erkenntnisse der letzten hundert Jahre lassen stark vermuten, dass selbst die winzig kleinen Bausteine unseres Eisenwürfels aus nichts anderem als purer Energie bestehen.

An dieser Stelle verlassen wir den Bereich des experimentell Nachgewiesenen und stützen uns stattdessen auf sehr weit fortgeschrittene und belastbare Erkenntnisse aus der theoretischen Physik. Diese nehmen nicht den Weg vom Großen zum Kleinen (so wie bei unserem Eisenblock), sondern betrachten stattdessen die kleinstmöglichen Einheiten, die uns unser Universum bieten kann: die Planck-Einheiten, welche auf Grundlage von drei grundlegenden Naturkonstanten unseres Universums (für den fortgeschrittenen Leser: dies sind die Lichtgeschwindigkeit c, die Gravitationskonstante G und das plancksche Wirkungsquantum h) berechnet werden können.

Aus dieser Rechnung erschließt sich, dass nichts im Universum kleiner sein kann als 10^{-32} Millimeter, dies sind 0,01 quintillionstel Millimeter. Zur Veranschaulichung: Der Durchmesser unseres Universums beträgt heute (13,8 Milliarden Jahre nach dem Urknall) ca. 10^{30} Millimeter (= 100 Milliarden Lichtjahre), dies sind eine Quintillion Millimeter.

Genau in der Mitte beider Größenordnungen liegt interessanterweise die Größe einer menschlichen Eizelle: 0,1 Millimeter. Die Größe der Zelle, aus der das Lebewesen hervorgeht, das unseres Wissens nach den höchsten Grad an Komplexität erreicht hat (siehe Kapitel 8), liegt also gleich viele Größenordnungen von den allerkleinsten existierenden Strukturen entfernt wie zum Durchmesser des gesamten sichtbaren Universums!

Oder anders ausgedrückt: Wenn wir uns vorstellen, wir sind so groß wie die allerkleinsten Strukturen, die ich gleich beschreiben werde, und wir säßen in der *Mitte* einer menschlichen Eizelle und wollen zum *Rand* dieser Eizelle gelangen, dann wäre dies genauso weit, als wenn eine menschliche Eizelle zum Rand des Universums reisen wollen würde! Selbst um zum Rand eines Protons (dem kleinsten Atomkern) reisen zu wollen, müsste die Eizelle in dieser Analogie immerhin bis zu unserer nächsten Nachbargalaxie in mehreren Millionen Lichtjahren Entfernung reisen.

Strings und Schleifenquanten

Um die Basis des Seins verstehen und beschreiben zu können, schauen wir uns nun die Welt auf dieser allerkleinsten Größenskala an. Seit mehreren Jahrzehnten werden zwei inzwischen berühmte Theorien erforscht, die bei der Suche nach der lang ersehnten allumfassenden „Theorie von allem" (TOE, theory of everything) als unumstrittene Favoriten gelten: Am bekanntesten ist wohl die String-Theorie und etwas weniger bekannt (vielleicht wegen des etwas komplizierten Namens) ist die Theorie der Schleifen-Quantengravitation. Beide Theorien besagen, dass unsere Welt aus winzig kleinen Einheiten aufgebaut ist, deren Größe der oben beschriebenen Planck-Länge entsprechen und die nicht weiter teilbar sind.

Von der String-Theorie werden genau auf der Größenordnung der Planck-Skala die sogenannten Strings vorhergesagt. Strings sind demnach die kleinste Einheit von Energie und Materie, welche man sich, anders als in früheren Überlegungen nicht als punktförmige Teilchen, sondern als eindimensionale schwingende Saiten vorstellt.

Strings darf man sich also nicht als klassische Materiebausteine („Legobausteine") vorstellen, vielmehr vereinigen sich spätestens in dieser „Planck-Welt" Energie und Materie zu einer ununterscheidbaren Einheit. Strings sind also Energieeinheiten und aus diesen Energieeinheiten besteht letztendlich auch unser Eisenwürfel. Auf der Suche nach den Materiebausteinen des Eisenwürfels haben wir also festgestellt, dass dieser eigentlich aus nichts tatsächlich Materiellem besteht, sondern das dieses Nichts aus Energieeinheiten zusammengehalten wird. Demnach wäre also die gesamte Materie in unserem Universum aus winzig kleinen unteilbaren Einheiten (Quanten) aufgebaut, welche Strings genannt werden. Niemand weiß bisher, wie aus den unvorstellbar kleinen Strings vergleichsweise große Teilchen, wie z.B. Quarks (also die Bausteine von Protonen und Neutronen), hervorgehen können.

Die Theorie der Schleifen-Quantengravitation verlangt von unserem Verstand eine noch stärkere Abstraktion unserer intuitiven Sicht auf die Natur. Demnach ist sogar der *Raum* aus einzelnen unteilbaren Einheiten (Quanten) aufgebaut, die man sich als kleinste Raumschleifen vorstellt, deren minimale Länge eine Planck-

Länge (10^{-35} Meter) beträgt.[3] Zwischen diesen Schleifen, die den Raum bilden, befindet sich: Nichts, noch nicht einmal Raum!

Unsere Erfahrungen sagen uns zwar, dass Raum überall vorherrscht, selbst im absoluten Nichts. Doch wenn wir uns von unseren Alltagserfahrungen loslösen, klingt aus meiner Sicht die Vorstellung, dass der Raum gequantelt (Quant = nicht mehr weiter teilbare Einheit) vorliegt, sehr logisch – denn somit wird eine Brücke geschlagen zwischen der Krümmung des Raums (so beschreibt Einstein die Gravitation) auf extrem großem Maßstab und der Feinstruktur des Raums und der Quantenwelt auf extrem kleinem Maßstab.

Die beiden Theorien, String-Theorie und Schleifen-Quantengravitation, beschreiben eindimensionale Fäden bzw. kleinste Raumschleifen als elementare Bausteine unserer Welt, welche beide sogar in der gleichen Größenordnung vorliegen sollen. Interessanterweise konkurrieren die beiden Theorien jedoch miteinander. Bisher ist es leider noch niemandem gelungen, beide Theorien miteinander zu verknüpfen. Dies könnte gut damit zusammenhängen, dass sich beide Theorien von verschiedenen Blickrichtungen aus der vollständigen Beschreibung der Wirklichkeit annähern.

Um verständlich zu erklären, was ich damit meine, möchte ich einen bildlichen Vergleich anbringen. Stellen wir uns dazu vor, die Wirklichkeit, d.h. die korrekte Beschreibung der Welt, wäre eine Wolke. Nun stellen wir uns ein kleines Kind in einem sehr sonnigen Land vor, das noch nie Regen oder eine Wolke gesehen hat. Nachdem es nachts nun doch einmal geregnet hat, geht das Kind morgens nach draußen und entdeckt eine Regenpfütze.

Nun stellt sich das Kind Fragen wie: Wo liegt der Ursprung des Wassers aus der Regenpfütze? Welchen Weg hat das Wasser genommen, um zu einer Pfütze zu werden? Wieso wird die Pfütze immer kleiner, je länger die Sonne darauf scheint? Das Kind wird diese Fragen kaum beantworten können, solange es keine Wolken oder Regen gesehen hat.

Auf der anderen Seite stellen wir uns einen Außerirdischen von einem Wüstenplaneten vor, der ebenfalls noch nie Regen oder eine Wolke gesehen hat. Dieser Außerirdische reist mit einem Raumschiff zur Erde und sieht die großen Wolkenbänder, die die Erdatmosphäre dominieren. Der Außerirdische kann sehr genaue Messungen vornehmen, z.B. zur Größe der Wolken und deren Höhe über der Erdoberfläche. Dennoch stellt er sich Fragen wie: Woraus bestehen die Wolken? Warum werden die Wolken mal kleiner und mal größer?

Wenn wir nun zurückgehen zu unseren beiden Theorien, der String-Theorie und der Schleifen-Quantengravitation, dann nehmen die String-Theoretiker die Stellung des kleinen Kindes ein. Sie betrachten die Welt von unten her, also vom Mikrokosmos aus. Die Theoretiker der Schleifen-Quantengravitation nehmen die Stellung des außerirdischen Raumfahrers ein. Sie betrachten die Welt von oben, also vom Makrokosmos aus. Ich bin davon überzeugt, dass beide Theorien die Welt aus unterschiedlichen Blickpunkten betrachten und dass der Zeitpunkt hoffentlich nicht mehr fern sein wird, an dem sich das kleine Kind und der Außerirdische mitten in einem Regenschauer die Hände schütteln werden.

Damit ist unsere Reise ins Innere der Materie nun zu Ende. Wie wir gesehen haben, besteht nicht nur unser Eisenwürfel sondern alles im Universum, also auch wir Menschen, aus winzig kleinen schwingenden Energiefäden bzw. Raumatomen. Diese Einsicht ist für uns von elementarer Wichtigkeit, um verstehen zu können, dass im Universum alles mit allem in Beziehung steht. Zwar steht der Mensch viele Komplexitätsstufen über dem Eisenwürfel (siehe Kapitel 8), doch beide sind aus der gleichen Ur-Energie aufgebaut. Nach unserem Tod werden wir auf unserer Komplexitätsleiter viele Sprossen herunterrutschen, aber unsere Bestandteile bzw. die Ur-Enerige, aus der wir aufgebaut sind, werden unter den richtigen Bedingungen wieder und wieder, bis in alle Ewigkeit, also auch in allen Nachfolge-Universen, in der Lage sein, wieder neue Sprossen auf der Komplexitätsleiter zu erklimmen, bis hin zu neuen sozialen und intelligenten Lebewesen wie dem Menschen (oder auf noch höhere Komplexitätsstufen, wie auch immer diese aussehen mögen).

6 Urquell des Lebens: Gravitation

Unser Universum hat einen großen Vorteil und einen großen Nachteil. Der Vorteil unseres Universums liegt darin, dass unvorstellbar viel Energie in ihm steckt. Allein die Energie unserer Erde (wie wir gelernt haben: Masse = Energie) ist für uns kaum fassbar. Die Energie, die der Mensch der Erde abschöpft, resultiert indirekt aus der Masse der Erde (je mehr Masse, umso mehr Gravitation, also Schwerkraft). Zusammen mit der Kraft der Sonne decken wir hierdurch unseren Energiebedarf:

- Windkraft (Sonne erwärmt Äquatorregion stärker als Polarregionen, Luftdruckunterschiede, Erdgravitation hält Luftmoleküle in Erdnähe)
- Wasserkraft/Staudämme (Sonnenwärme verdunstet Wasser, Erdgravitation hält Wasserdampf in Erdnähe, Wolken regnen auf Berge ab, Erdgravitation schickt Wasser flussabwärts)
- Holz (Bäume benötigen Sonnenstrahlen, Wasser und Kohlendioxid, letztere beiden bleiben durch die Erdgravitation in der Atmosphäre)
- Fossile Brennstoffe (Entstehung über Jahrmillionen durch abgestorbenes Holz, das durch die Erdgravitation extrem stark komprimiert wurde)
- Sonnenenergie (thermonukleare Prozesse aufgrund extremer gravitativer Kräfte)
- Kernkraft (Uran-Atome entstanden bei großen Sternexplosionen, Supernovae)

Der Nachteil unseres Universums liegt darin, dass es unvorstellbar groß ist. Warum ist dies ein Nachteil? Wie wir in Kapitel 9 noch sehen werden, ist das Universum durch seine extrem schnelle Geschwindigkeit nach dem Urknall sehr rasch ausgekühlt (unterhalb des Gefrierpunkts innerhalb weniger Millionen Jahre). Seine Bestandteile, im Wesentlichen Wasserstoff- und Heliumatome, waren zu diesem Zeitpunkt bereits soweit ausgedünnt, dass sie kaum noch miteinander interagierten. Heute, 13,8 Milliarden Jahre später, liegt die durchschnittliche Temperatur im Universum sogar bei nur noch -270°C (ca. 3°C über dem absoluten Gefrierpunkt, also ca. 3° Kelvin) und die durchschnittliche Dichte aller Atome und Moleküle im Universum liegt um ein Billionstel Billiardstel niedriger als die unserer Atemluft.

Nur einer einzigen Kraft haben wir es zu verdanken, dass trotz dieser horrend lebensfeindlichen Durchschnittswerte die Grundzutaten allen Lebens, also Wärme, Wasser und Gesteinsplaneten mit Atmosphäre, entstehen konnten: der Gravitationskraft! Interessanterweise wissen wir trotz der enormen Bedeutung, die die Gravitation für uns und das gesamte Universum hat, erstaunlich wenig über deren physikalische Grundlagen. In Kapitel 16 werde ich meine eigenen Ideen zu diesem Thema erläutern.

Wir wissen jedoch, dass bereits im frühen Universum mittels Gravitationskraft weit verstreute Wasserstoff- und Heliumatome stark verdichtet wurden, so dass kleine, große, aber auch riesige Sonnen entstanden sind.[13] Je größer eine Sonne ist, umso kurzlebiger ist sie jedoch auch. Große Sonnen geben nach ihrem Sternentod größere Atome, wie z.B. Sauerstoffatome, die am Lebensende in ihrem Inneren entstanden sind, wieder an ihre Umgebung ab. Beim Tod von riesigen Sonnen explodieren diese als Supernova und produzieren hierbei noch größere Atome (u.a. Bestandteile von Gesteinsplaneten).

Außerdem erzeugen Supernovae gewaltige Druckwellen, die benachbarte Gasansammlungen (v.a. Wasserstoff- und Heliumatome, mit zunehmendem Alter des Universums aber auch größere Atome) so stark verdichten, dass neue Sonnen geboren werden; durch diesen Prozess ist auch unsere Sonne neun Milliarden Jahre nach dem Urknall entstanden. Aus einem Teil dieser verdichteten Gaswolke konnte sich auch unsere Erde herausbilden, denn durch den oben beschriebenen Prozess lagen nun endlich auch größere Atome vor, wie z.B. Silizium- und Eisenatome. Fast alle Atome, aus denen wir Menschen und auch die gesamte Erde bestehen, wurden also im Inneren einer Sonne geboren, wir sind Sternenstaub!

Die (winzig kleine) gravitative Kraft, die von jedem einzelnen Teilchen ausgeht, wirkt auf jedes andere Teilchen im Universum. Somit stehen also alle Teilchen im Universum in Beziehung miteinander. Diese Eigenschaft sowie die Tatsache, dass die Gravitation extrem viel schwächer ist als die anderen drei Naturkräfte (siehe Kapitel 16), ließ die Gravitation zum Orchestermeister für lebensfreundliche Bedingungen in unserem Universums werden. Wie die Moleküle auf der frühen Erde diese Bedingungen nutzten, um tatsächlich Leben entstehen zu lassen, erzählt das nächste Kapitel.

7 Die Entstehung des Lebens – speziell

Die Frage nach dem Ursprung des Lebens ist eine der ältesten Fragen der Menschheitsgeschichte. Theorien zu diesem Thema gab und gibt es viele, doch in den letzten Jahrzehnten zeichnet sich ein immer klareres Bild ab. 2009 ist sogar die größte Hürde, welche sich der Erklärung des Entstehungsprozesses des Lebens auf der Erde entgegengestellt hatte, genommen worden. Doch fangen wir langsam an.

Eine lebende Zelle benötigt vier Bestandteile: DNA, RNA, Proteine sowie eine Zellmembran, um die ersten drei Bestandteile von der Außenwelt abzugrenzen. DNA speichert die Erbinformation für den Aufbau und die Funktionen eines Lebewesens, Proteine sind für den Stoffwechsel zuständig, ohne die ein Lebewesen, die von außen zugeführte Energie nicht in „Lebensenergie" umwandeln könnte, RNA fungiert „nur" als Übermittlermolekül zwischen DNA und Proteinen. Interessanterweise haben Wissenschaftler jedoch festgestellt, dass die lange unterschätzte RNA prinzipiell beides kann: Erbinformationen speichern *und* Stoffwechsel betreiben.

Das heißt, die Ur-Zelle, die vor Jahrmilliarden entstanden war, benötigte höchstwahrscheinlich ausschließlich RNA, um sich zu vermehren; DNA und Proteine entwickelten sich erst im Evolutionsprozess der darauffolgenden Jahrmillionen. Um die Entstehung der Ur-Zelle zu rekonstruieren, benötigen wir als Bausteine also ausschließlich RNA-Molekülketten und eine Zellmembran.

Eindeutig schwieriger ist es hierbei zu erklären, wie die RNA entstanden ist. RNA besteht aus einer sehr langen Kette von RNA-Molekülen – diese sind ihrerseits aus drei Komponenten aufgebaut: einer Nukleinbase (Guanin, Cytosin, Adenin oder Uracil), einem Zuckermolekül (Ribose) und einem Phosphat. Das Problem hierbei ist, dass sich diese drei Komponenten, wenn man sie zusammenmischt, nicht automatisch zu RNA-Molekülen verbinden; an diesem Problem sind Wissenschaftler viele Jahre gescheitert.

2009 gelang es nun einer Forschergruppe an der Universität Manchester RNA-Moleküle herzustellen, indem sie mit einem im Grunde einfachen Trick arbeiteten.[19] Anstatt zu versuchen, Nukleinbasen, Ribose und Phosphat miteinander reagieren zu lassen, ließen sie jeweilige Unterkomponenten der Nukleinbasen und der Ribose mit Phosphat reagieren. In chemischen Reaktionen, in denen Phosphat jeweils als Katalysator wirkte, wurden aus den Unterkomponenten chemische Zwischenprodukte gebildet, welche sich letztendlich zu RNA-Molekülen zusammensetzten! Diese Ergebnisse muss man als Durchbruch zur Frage zur Entstehung von

Leben auf der Erde ansehen, weil der fehlende Nachweis der Entstehung von RNA-Molekülen als größter Kritikpunkt der sogenannten „RNA-zuerst-Hypothese" galt.

Interessant an den obigen Ergebnissen ist zudem, dass sich auf diesem Wege neben den „richtigen" auch „falsche" RNA-Moleküle bildeten. Die „falschen" RNA-Moleküle konnten jedoch mit starker UV-Strahlung zerstört werden. Da die Erde kurz nach ihrer Entstehung noch keine Atmosphäre hatte, wurden auch damals die Erdoberfläche und alle flachen Gewässer von starker UV-Strahlung getroffen, so dass schließlich nur RNA-Moleküle übrig blieben, die noch heute Teile unserer Zellen sind. Wer weiß, wenn auf der frühen Erde keine starke UV-Strahlung vorgeherrscht hätte, würden unsere heutigen RNA- und DNA-Bausteine vielleicht anders aussehen. Dies ist ein interessantes Beispiel für einen Selektionsprozess auf molekularer Ebene und befördert auch Ideen, wie Leben eventuell auch auf anderen, fernen Planeten entstehen könnte oder vielleicht schon entstanden ist.

RNA-Moleküle alleine reichen für die Entstehung von Leben allerdings noch nicht aus, weil sich diese noch zu RNA-Molekülketten zusammensetzen müssen. Auch hier tappte man lange Zeit im Dunkeln, bis man Ende der 1990er Jahre entdeckte, dass RNA-Moleküle an mineralische Oberflächen, wie z.B. Tonminerale, Feldspat oder Calcit, binden. An diesen Oberflächen kommen sich RNA-Moleküle so nahe, dass sie miteinander reagieren und auf diesem Wege Molekülketten mit einer Länge von mehreren Dutzend RNA-Molekülen bilden; der Ursprung allen Lebens war hiermit gelegt.

Der weitere Weg der Entstehung des Lebens ist an dieser Stelle fast schon vorprogrammiert. Fettmoleküle verbinden sich im Wasser automatisch zu kleinen Vesikeln, wobei deren Innenraum von der Außenwelt abgetrennt wird; fertig ist der Prototyp einer Zellmembran. Wenn während der Vesikelbildung RNA-Molekülketten eingeschlossen werden, ist dies bereits der Prototyp einer Zelle, die sich allerdings noch nicht selbständig vermehren kann.

Einzelne RNA-Moleküle können jedoch die Zellmembran durchdringen und binden an ihren RNA-"Partner" (Cytosin bindet an Guanin, Uracil bindet an Adenin). Hierdurch entsteht aus einer Einzelstrang-RNA-Molekülkette eine Doppelstrang-RNA-Molekülkette. Erhöht sich nun die Temperatur (z.B. durch starke Sonneneinstrahlung oder durch vulkanische Aktivität) spaltet sich der Doppelstrang zu zwei Einzelsträngen. Wenn dann die Proto-Zelle allmählich größer wird, indem die Zellmembran nach und nach neue Fettmoleküle aufnimmt, trennt sich diese in zwei kleinere Vesikel auf, in denen per Zufall je ein RNA-Einzelstrang vorliegen kann; fertig ist die erste Zellteilung!

Alles andere übernehmen evolutive Prozesse. RNA-Moleküle mit besonders guten Bindeeigenschaften vermehren sich schneller als solche mit schlechten Bindeeigenschaften. Zellen, die RNA-Ketten enthalten, die aufgrund einer zufälligen Abfolge von RNA-Molekülen eine Struktur annehmen, die anderen RNA-Ketten helfen, sich zu teilen (ohne dass hierfür eine erhöhte Temperatur benötigt wird), sind klar im Vorteil und vermehren sich schneller als andere Zellen. Dieser Evolutionsprozess der besten Anpassung und der meisten bzw. erfolgreichsten Nachkommen lässt dann schließlich auch Stoffwechselprozesse, Proteine und DNA-Moleküle entstehen.

Die Entstehung des Lebens auf der Erde ist natürlich ein faszinierender Prozess. Nichtsdestotrotz halte ich es für unsere Überlegungen zum Ewigen Sein als unerlässlich, dass wir den Schritt von Nichtleben zu Leben ganz allgemein in die Entstehung von komplexen Strukturen einordnen. Nur so wird uns klar werden, dass, auch wenn wir am Ende unseres Universums in elementare Ur-Energie zermalmt werden, genau diese Ur-Energie bis in alle Ewigkeit komplexe Strukturen neu erschaffen wird. Welche Wege die Komplexität in unserem Universum genommen hat, zeigt das nächste Kapitel.

8 Die Entstehung der Komplexität und des Lebens – allgemein

In Kapitel 5 habe ich erläutert, dass wir Menschen aus den gleichen Energiestrukturen bestehen wie alles andere in diesem Universum, seien es nun andere Lebewesen oder auch leblose Materie oder Energie. Was macht den Menschen nun aber zu etwas Besonderem?

Eine moderne Sicht auf den Sinn des Lebens und unsere Stellung im Kosmos

Die Antwort ist, dass der Mensch viele weitere Ebenen der Komplexität beschreitet, als es z.B. Tiere tun. Durch unsere Fähigkeit, objektunabhängig Erfahrungen an nachfolgende Generationen weiterzugeben[15], ergaben und ergeben sich für uns Möglichkeiten, immer neue Komplexitätsstufen zu erklimmen. Dies geschieht übrigens in einer Geschwindigkeit, die zuvor nur zu Zeiten des Urknalls erreicht wurde. Um die verschiedenen Komplexitätsstufen bildlich darzustellen, werde ich diese in Kapitel 18 in Form von verschieden hohen Wellen in einem Meer aus Energie darstellen. Wir „surfen" demnach auf unterschiedlich hohen Wellen der Komplexität, wobei der Größe und Höhe der Wellen prinzipiell keine Grenzen gesetzt sind. Beginnen wir aber am Anfang.

Komplexität beginnt bereits auf den alleruntersten Stufen und „hangelt" sich immer weiter hinauf, sofern es die äußeren Bedingungen zulassen. Der Komplexitätsgrad nimmt z.B. von der Größe der Strings bis zu der Größe der Quarks oder noch größeren Teilchen jeweils zu.

Während es wahrscheinlich nur eine Sorte von Strings gibt, gibt es eine steigende Anzahl an verschiedenen Teilchensorten und Wechselwirkungsmöglichkeiten bei Quarks → Protonen/Neutronen → Atomen → Molekülen → Makromolekülen. Diese Steigerung der Komplexität führt sich fort bei der Entstehung des Lebens: Makromoleküle → Zellbausteine → Einzeller → Vielzeller → Interaktionen zwischen Lebewesen. Aufbauend auf dieser Zunahme der Komplexität werde ich die Entstehung des Lebens, die ich in Kapitel 7 beschrieben habe, in diesem Kapitel in allgemeinerer Form darstellen.

Diese allgemeine Form der Komplexitätszunahme kann auf alle möglichen biologischen, chemischen und sogar physikalischen Prozesse angewandt werden und in Kapitel 11 werde ich sie sogar verwenden, um die mögliche Entstehungsgeschichte des allerersten Universums zu beschreiben. Damit werde ich darlegen, dass die Entstehung eines Universums und die Entstehung von Leben den gleichen Gesetzmäßigkeiten folgt und dass wir unser eigenes Leben und unseren eigenen Tod nur dann richtig einordnen können, wenn wir uns das Entstehen, die Tode und die Wiedergeburten von Universen bewusst gemacht haben.

Fritjof Capra hat in seinem Bestsellerbuch „Lebensnetz" anschaulich zusammengefasst, welche Erkenntnisse in der zweiten Hälfte des letzten Jahrhunderts von vielen Wissenschaftlern unterschiedlicher Disziplinen gewonnen wurden, wie aus unbelebter Materie Leben entstehen konnte.[4]

Die Grundherausforderung für das Leben besteht darin, sich dem stetigen Drang der Natur nach mehr und mehr Unordnung zu widersetzen und in dieser Welt voller Unordnung komplexe Strukturen zu schaffen, die sich selbst organisieren und reproduzieren können. Die Selbstorganisation des Lebens umfasst demnach drei Systembeschreibungen: 1.) das System ist fernab vom Gleichgewicht der Natur organisiert, 2.) positive Rückkopplungsschleifen lösen Verstärkungsprozesse aus, 3.) Instabilitäten führen zur Bildung neuer Organisationsformen. Wie ich festgestellt habe, lassen sich diese drei Systembeschreibungen nicht nur auf die Selbstorganisation des Lebens anwenden, sondern erklären in gleicher Weise evolutionäre Phänomene auf vorbiologischer und molekularer Ebene.

Zur besseren Verständlichkeit werde ich im nächsten Textabschnitt zunächst wie folgt vorgehen: Die <u>drei</u> oben beschriebenen Systembeschreibungen fasse ich zu <u>zwei</u> einprägsamen Schlüsselbegriffen zusammen.
Anschließend werde ich diese zwei Schlüsselbegriffe verwenden um darzulegen, dass der unbeirrbare Weg der Natur zu noch mehr Komplexität auf allen Komplexitätsebenen zu finden ist, die in unserem Universum anzutreffen sind, angefangen von der Teilchenphysik, über die Entstehung des Lebens bis hin zur Zivilisationskultur der Menschen; zumindest sofern jeweils die entsprechenden Bedingungen vorliegen.
Die ersten beiden oben genannten Systembeschreibungen der Selbstorganisation „1. Organisation fernab vom Gleichgewicht" und „2. Verstärkungsprozesse durch positive Rückkopplungsschleifen" lassen sich mit dem Wort
„Interaktion"
zusammenfassen.
Interaktion (Wechselwirkung) ist eine unverzichtbare Triebfeder, um *komplexe* Strukturen entstehen zu lassen.

Die dritte oben genannte Systembeschreibung der Selbstorganisation „3. Instabilitäten verursachen neue Organisationsformen" lässt sich mit dem Wort
„Differenzierung"
zusammenfassen.
Differenzierung ist eine unverzichtbare Triebfeder, um eine *Vielfalt* von Strukturen entstehen zu lassen.

Mit anderen Worten:
Selbstorganisation = Interaktion + Differenzierung
Das Wort „Selbstorganisation" beschreibt sehr gut, dass Einheiten von sich aus in der Lage sind sich zu organisieren, ohne dass sie hierfür auf „äußere Hilfe" angewiesen wären. Auf der anderen Seite suggeriert das Wort „Selbstorganisation", dass das organisierte Etwas den endgültig machbaren Komplexitätsgrad bereits erreicht hat. Deshalb möchte ich das Wort „Selbstorganisation" mit dem Wort „Komplexität" austauschen. Hierdurch wird verdeutlicht, dass mit keinem Schritt auf eine höhere Komplexitätsebene das Ende der Fahnenstange bereits erreicht ist.
Wir schreiben also:
Komplexität = Interaktion + Differenzierung

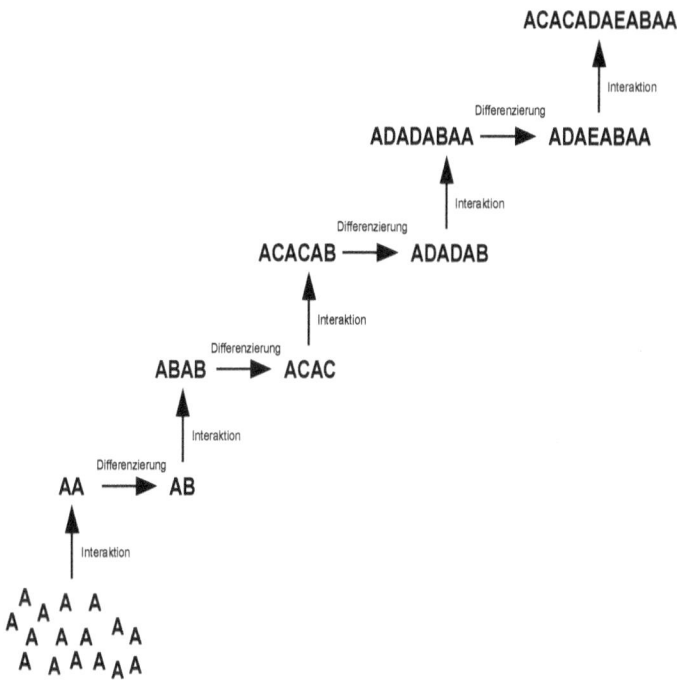

Abbildung 3: Komplexität = Interaktion + Differenzierung. Durch stete Wechselspiele aus Interaktionen und Differenzierungen werden immer höhere Komplexitätsstufen erreicht. Ausgangspunkt ist ein Meer aus undifferenzierten Bestandteilen, hier mit A bezeichnet, die miteinander interagieren (AA). Sobald eine Differenzierung stattgefunden hat (z.B. AB), ist ein stabilerer Zustand erreicht, der nicht mehr ohne weiteres in die Bestandteile zerfallen kann. Vielfalt und Interaktionsmöglichkeiten nehmen auf jeder Komplexitätsstufe zu.

Wie dürfen wir uns das nun konkret vorstellen? Das Wechselspiel zwischen Interaktion und Differenzierung ist in Abbildung 3 dargestellt. Zur Verallgemeinerung sind alle Interaktionspartner als Buchstaben dargestellt. Wie die Buchstaben miteinander interagieren und zu anderen Buchstaben differenzieren, ist lediglich beispielhaft dargestellt, die Kombinations- und Variationsmöglichkeiten sind hierbei unerschöpflich.

Ausgangspunkt in unserem Beispiel ist ein „See" mit den Buchstaben „A". Zufälligerweise interagiert A mit einem anderen A zur Kombination AA. In den meisten Fällen hat dies keine besonderen Auswirkungen: entweder zerfällt AA über kurz oder lang wieder in A und A oder aber AA hat keinen besonderen Vorteil gegenüber den anderen A's. In manchen Fällen differenziert AA aber in AB und dies erst ermöglicht die Kombination von zwei AB-Einheiten zur Struktur ABAB. In dieser Kombination liegt dann erst die Möglichkeit vor, dass sich B in C differenzieren kann, so dass die Struktur ACAC entsteht. ACAC wiederum hat Vorteile davon, mit AB zu interagieren, so dass ACACAB entsteht, usw.

Es ist in der Abbildung leicht zu erkennen, dass in diesem Wechselspiel aus Interaktion und Differenzierung immer komplexere Strukturen entstehen können, obwohl diese weit entfernt vom Gleichgewicht (See mit A's) vorliegen. Prinzipiell sind dem Komplexitätsgrad nach oben hin keine Grenzen gesetzt, aber natürlich müssen für alle Interaktionen und Differenzierungen auch die „richtigen" Bedingungen vorliegen. Am wichtigsten ist hierbei die „richtige" Energiemenge.

Tabelle 2 veranschaulicht, wie sich im steten Wechselspiel aus Interaktionen und Differenzierungen buchstäblich aus „Nichts" viele, viele Komplexitätsgrade entwickeln konnten und können.

Meines Wissens zum ersten Mal reduziert die Tabelle alle Entwicklungsschritte der Menschheit, angefangen beim absoluten Nichts, auf zwei Grundprinzipien. In 36 Schritten entwickelten sich aus dem absoluten Nichts zunächst die Elementarteilchen, aus diesen dann Atome, Moleküle, Makromoleküle, Einzeller, Vielzeller, Gesellschaften und schließlich die Kultur und Zivilisation. In diese 36 Schritte habe ich auch bereits eine mögliche Zukunft des Menschen eingebaut (Schritte 35 und 36). Diese können natürlich auch anders aussehen und es können auch noch mehr hinzukommen. Jedoch werden keine weiteren Entwicklungsschritte hinzukommen können, wenn diese nicht auf Interaktion und Vielfalt aufbauen.

Tabelle 2: Zusammenspiel aus Interaktionen und Differenzierungen auf dem Weg zu immer höheren Komplexitätsgraden; mit anderen Worten: „Die Entwicklung der Menschheit in 36 Schritten". K: Komplexitätsgrad.

K	Interaktionen/Differenzierungen
1	Allererstes Universum (hypothetisch): Am Anfang war das Nichts. Das Nichts ist eigentlich ein ziemlich stabiler Zustand, den man sich als eine ebene Wasseroberfläche vorstellen kann. Allerdings ist auch das Nichts nicht absolut flach, d.h. es gibt Unebenheiten (Fluktuationen, Inhomogenitäten), die man sich als kleine, sanfte Wellen auf der Wasseroberfläche vorstellen kann. Die Wahrscheinlichkeit, dass solche Unebenheiten auftreten, ist gering, aber nicht gleich null, weshalb sie mit Sicherheit auftreten. Die Unebenheiten des Nichts stellen sich als unbeständige Energieeinheiten dar. Alles, das vom Nichts *verschieden* ist, trägt Energie; diese Einheiten sind (noch) unbeständig, weil in der Regel dem Auftauchen der Energieeinheit deren Verschwinden im Nichts folgt (siehe Kapitel 11). Bei den unbeständigen Energieeinheiten könnte es sich um die von Theoretikern hervorgesagten Strings (String-Theorie) oder „Raumatome" (Schleifen-Quantengravitation) handeln (siehe Kapitel 5).

K	Interaktionen	Differenzierungen (Vielfalt)
2	Hypothetisch: Die allermeisten unbeständigen Energieeinheiten treten alleine auf und verschwinden wieder im Nichts. Zwei parallel auftretende Energieeinheiten können sich jedoch miteinander *verknoten* und damit einen höheren Stabilitätsgrad erlangen. Auch diese miteinander verknoteten Energieeinheiten können wieder im Nichts verschwinden, es erhöht sich jedoch bei diesen (aufgrund der höheren Stabilität) die Wahrscheinlichkeit, sich mit noch weiteren Energieeinheiten verknoten zu können, wodurch diese doppelt verknoteten Energieeinheiten einen noch höheren Stabilitätsgrad erlangen.	Hypothetisch: Die Energieeinheiten verknoten sich auf *verschiedene* Art und Weise miteinander. Probieren Sie es aus! Sie können eine Schnur sowohl links herum als auch rechts herum verknoten. Hierfür benötigen wir jedoch drei Raumdimensionen, deshalb muss ein Universum mit weniger als drei Raumdimensionen bereits an dieser Stelle scheitern. Die **Zeit** entsteht, weil links- und rechtsverknotete Energieeinheiten sich nicht mehr ohne äußere Energiezufuhr ineinander überführen lassen – die Verknotung lag in der „Vergangenheit" – d.h. „vorher" und „nachher" werden unterscheidbar.
	Teilchenphysik	
3	Hypothetisch: Die Energieeinheiten bzw. Teilchen *interagieren* miteinander.	Hypothetisch: Es entstehen *verschiedene* Pre-Preonen.
4	Hypothetisch: Die Pre-Preonen *interagieren* sowohl untereinander als auch miteinander.	Hypothetisch: Es entstehen *verschiedene* Preonen.

K	Interaktionen	Differenzierungen (Vielfalt)
5	Hypothetisch: Die Preonen *interagieren* sowohl untereinander als auch miteinander.[14]	Es entstehen *verschiedene* komplexere Teilchen, u.a. Quarks, Elektronen, Neutrinos, Photonen, Higgs-Bosonen.
6	Je drei Quarks *interagieren* miteinander in verschiedenen Mischungsverhältnissen.	Es entstehen *verschiedene* Atomkernteilchen: Protonen und Neutronen.
7	Protonen, Neutronen und Elektronen *interagieren* miteinander.	Es entstehen drei *verschiedene* **Atome**: Wasserstoff, Helium und kleine Mengen Lithium.
8	Die Atome *interagieren* sowohl untereinander als auch miteinander im Inneren von Sternen, zu denen sie aufgrund der Gravitationskraft zusammengepresst werden.	Es entstehen über hundert *verschiedene* Atome und Ionen (positiv oder negativ geladene Atome), die bei Sternenexplosionen ins Weltall hinausgeschleudert werden.
	Chemie + Kosmologie	
9	Atome und Ionen *interagieren* sowohl untereinander als auch miteinander.	Es entstehen hunderte *verschiedene* kleine **Moleküle**, u.a. Wassermoleküle.
10	Moleküle, Atome und Ionen *schließen sich* zu Gasansammlungen bzw. kleinen Staubteilchen *zusammen*.	Je nach Abstand zur Sonne entstehen *verschiedene* Gasplaneten sowie Gesteinsplaneten und -monde.

K	Interaktionen	Differenzierungen (Vielfalt)
11	Auf Planeten und Monden, auf denen die passende Temperatur vorherrscht, *interagieren* in Wasser gelöste Moleküle sowohl untereinander als auch miteinander.	Es entstehen unzählige große *verschiedene* Moleküle, u.a. Zuckermoleküle, Nukleinsäuren, Phospholipide und Aminosäuren.
12	Große und kleine Moleküle sowie Ionen *interagieren* sowohl untereinander als auch miteinander.	Es entstehen *verschiedene* Makromoleküle wie RNA-Molekülketten und Lipiddoppelschichten, welche sich zu Vesikeln formen, den Vorläufern von Zellmembranen. (siehe Kapitel 7)
Biologie		
13	RNA-Moleküle *interagieren* mit RNA-Molekülketten.	Es entstehen *verschiedene* RNA-Doppelstränge, welche sich bei höheren Temperaturen in zwei RNA-Einzelstränge auftrennen. Dadurch hat sich die (Erb)Information der ersten RNA-Molekülkette auf eine zweite RNA-Molekülkette übertragen.
14	RNA-Moleküle *interagieren* unterschiedlich exakt mit RNA-Molekülketten.	Die Mechanismen der *Evolution* (Mutation und Selektion) lassen die für die entsprechende Umgebung am besten geeignetsten (Erb)Informationen entstehen.

K	Interaktionen	Differenzierungen (Vielfalt)
15	Makromoleküle, große und kleine Moleküle sowie Ionen *interagieren* untereinander als auch miteinander.	Es entstehen weitere **Makromoleküle** wie DNA-Molekülketten und Proteine mit sehr *verschiedenen* Strukturen und Funktionen.
16	Von einer Zellmembran umschlossene RNA-, DNA-, und Proteinmoleküle *interagieren* miteinander sowie mit Ionen und Molekülen innerhalb und außerhalb der Zelle. Es entstehen komplexe, reproduktionsfähige physiologische *Netzwerke*.	Es entwickeln sich unzählige *verschiedene* primitive **Einzeller**.
17	Unterschiedlich spezialisierte Einzeller *interagieren* miteinander, so dass kleinere Einzeller im Inneren von größeren Einzellern weiterleben.	Es entstehen höhere Einzeller. Die *Arbeitsteilung* ist geboren.
18	Zellteilungen höherer Einzeller bleiben unvollendet, so dass die einzelnen Zellen dauerhaft miteinander *interagieren*.	Es entwickeln sich unzählige *verschiedene* primitive **Vielzeller**.
19	Die Zellen der Vielzeller *interagieren* aufgrund ihrer Position im Zellverbund unterschiedlich mit der Umgebung.	Es entstehen komplexere Vielzeller mit unterschiedlichen Zelltypen. Diese Zell*differenzierung* erlaubt die Entstehung verschiedener Gewebetypen.

K	Interaktionen	Differenzierungen (Vielfalt)
20	Unterschiedlich ausdifferenzierte Zellen von Vielzellern *interagieren* miteinander.	Durch Mechanismen der *Evolution* (Mutation und Selektion) entwickeln sich die für den entsprechenden Lebensraum am besten geeignesten Lebewesen. Es entwickelt sich die geschlechtliche Fortpflanzung.
21	Zellen *kommunizieren* (interagieren) über kurze Strecken miteinander.	Es entwickeln sich viele *verschiedene* Botenstoffe und Rezeptoren für den Zell-Zell-Informationsaustausch.
22	Lebewesen *interagieren* mit artfremden Lebewesen.	Es entwickeln sich viele *verschiedene* Symbiosen und Parasitosen.
23	Zellen *kommunizieren* (interagieren) über lange Strecken miteinander, sowie mit der näheren Umgebung.	Durch *Differenzierung* entwickeln sich Kreislauf- und Nervensysteme, die den Informationsaustausch zwischen weit entfernt liegenden Zellen und Organen gewährleisten. Es entwickeln sich Tast-, Geruchs- und Geschmacksrezeptoren.
24	Nervenzellen speichern Sinneseindrücke; die *Weitergabe* dieser Informationen an andere Zellen (Interaktion) kann zu einem sehr viel späteren Zeitpunkt erfolgen.	Es entwickeln sich zentrale Nervensysteme, die unzählige *verschiedene* Informationen (Sinneseindrücke, Wissen) abspeichern; diese sind die Grundlage für das Lernen.

K	Interaktionen	Differenzierungen (Vielfalt)
25	Lebewesen *kommunizieren* (interagieren) über größere Strecken.	Durch *Differenzierung* entwickeln sich Augen, Ohren und Sprachsignale.
26	Lebewesen *manipulieren* die Umwelt zu ihren Gunsten mit Hilfe von natürlichen Werkzeugen.	Es stellen sich zahlreiche *verschiedene* objektabhängige Lernerfolge ein; diese können an nachfolgende Generationen weitergegeben werden.
27	Lebewesen *finden sich* in Schwärmen, Herden und anderen Gemeinschaften *zusammen*.	Es entwickelt sich Sozialverhalten mit *individuellen* Verhaltensmustern.
28	Individuen einer Gruppe *interagieren* auf unterschiedliche Art und Weise miteinander und mit der Umwelt, z.B. in Tierstaaten, Rudeln und Sippen.	Es entwickeln sich **Gesellschaften**, in denen Aufgaben von *verschiedenen* Individuen der Gruppe übernommen werden; *Arbeitsteilung* liegt vor.
Menschenkunde (Anthropologie)		
29	Individuen *interagieren* vorausschauend mit nachfolgenden Generationen, indem sie gespeicherte Informationen (Wissen) objekt<u>un</u>abhängig (z.B. durch Sprache) weitergeben; in dieser Kombination ist dazu nur der Mensch in der Lage.[15]	Es entwickeln sich unzählige, *verschiedene* mehrfach auf sich aufbauende Lernerfolge; Grundlage der Entstehung von **Kultur** und **Zivilisation**.

Eine moderne Sicht auf den Sinn des Lebens und unsere Stellung im Kosmos

K	Interaktionen	Differenzierungen (Vielfalt)
30	Menschengruppen *interagieren* miteinander, um Dörfer, Städte und Staaten zu gründen.	Aufgrund sehr verschiedener Lebensräume, sowie Fähigkeiten und Kenntnisse der Gemeinschaften entstehen sehr *unterschiedliche* Hochkulturen.
31	Menschen *unterschiedlicher* Hochkulturen treiben Handel, arbeiten und leben miteinander. Dieser Austausch lässt Buchdruck, Telefon und globale Verkehrsnetze entstehen und beschleunigt den *Informationsfluss* zwischen den Menschen.	Der Austausch von Wissen, Fertigkeiten und Gütern führt zur Entwicklung immer *spezialisierterer* Berufsgruppen und vieler *verschiedener* Informationstechnologien.
32	Menschen vieler Berufsgruppen *interagieren* miteinander sowie mit Computerprozessoren und Speichermedien; hohe Verarbeitungsgeschwindigkeiten und Speichervolumina addieren sich zu den Fähigkeiten des menschlichen Gehirns.	Menschen entwickeln unzählige *verschiedene* Computerprogramme, externe Sinnesorgane (Teleskope, etc.) und Kommunikationsplattformen.

K	Interaktionen	Differenzierungen (Vielfalt)
Zukunftsforschung (Futurologie)		
33	Zahlreiche Menschen- und Interessensgruppen *interagieren* weltweit und in Sekundenschnelle miteinander. Lebewesen und technische Bauteile *interagieren* direkt miteinander.	Interdisziplinäre Gruppen entwickeln viele *verschiedene* neue Schnittstellen zwischen Lebewesen und technischen Bauteilen, z.B. Neuroimplantate und mikroprozessorgesteuerte Prothesen; erste Schritte hin zu Cyborgs (*Misch*wesen aus Mensch und Maschine).
34	Verschiedene Verarbeitungsschichten von künstlichen neuronalen Netzen („lernende Computer") *interagieren* miteinander, um neue „Fähigkeiten" zu lernen.[10]	Viele *verschiedene* große Datensätze werden auf viele *verschiedene* bedeutungsvolle Muster hin untersucht, es entwickelt sich z.B. automatische Gesichts- und Spracherkennungen.
35	Hypothetisch: Menschen, Maschinen und Netzwerke *interagieren* immer direkter und schneller unter- und miteinander. Übergang vom Informationszeitalter zum Komplexitätszeitalter.	Hypothetisch: Es entwickeln sich starke *Spezialisierungen* der Menschen, ausgehend von genetischen Ausstattungen und künstlichen, technischen Adaptationen.

K	Interaktionen	Differenzierungen (Vielfalt)
36	Hypothetisch: Menschen *beeinflussen* die Erde sowie andere Planeten oder Monde global und gezielt („Terraforming").	Hypothetisch: Durch die verschiedenen neu entstehenden Umweltbedingungen und durch gezielte Manipulationen entstehen viele *neue Arten*, die ihrerseits miteinander interagieren.

Die Anzahl der in Tabelle 2 gefundenen Komplexitätsgrade ist natürlich variabel, v.a. zum Beginn und Ende der Tabelle lassen sich sicherlich noch weitere Komplexitätsgrade finden. Und auch wenn sich über den einen oder anderen Punkt in der Tabelle sicher streiten lässt, ist es zumindest wichtig, zwei Punkte festzuhalten:

- Auf jedem Gebiet, ob Teilchenphysik, Chemie, Kosmologie, Biologie, Anthropologie oder Zukunftsforschung, führten bzw. führen dieselben beiden Parameter zum Erklimmen weiterer Komplexitätsstufen: Interaktion und Differenzierung. Damit haben wir den gemeinsamen Nenner gefunden, um die Entwicklung vom extrem Kleinen zum extrem Komplexen beschreiben zu können.
- Die Entwicklung ist nicht abgeschlossen. In die Zukunft schauend lassen sich noch weitere Komplexitätsgrade ersinnen, die der Mensch in der Lage sein kann zu erklimmen. Eine prinzipielle Grenze nach oben liegt dabei nicht vor, so dass in der noch ferneren Zukunft Komplexitätsgrade erreichbar

wären, von denen wir heutzutage noch nicht einmal eine Vorstellung haben (siehe auch Abbildung 4 in Kapitel 18).

Das zuletzt Gesagte können wir übrigens sehr gut nutzen, um uns Meinungen zu politischen und gesellschaftlichen Themen zu bilden. Vorausgesetzt wir sehen es als erstrebenswertes Ziel an, dass die Menschheit in ihrer Entwicklung weitere Komplexitätsstufen erklimmt, können wir uns bei jeder Meinungsbildung über eine politische oder gesellschaftliche Thematik fragen, welches Verhalten zu mehr Interaktion führen würde. Möglichst vielfältige Interaktionen führen gleichwohl zu mehr Vielfalt, also zu vielen verschiedenen Interaktionen zwischen verschiedenartigen Interaktionspartnern.

Durch Größe zum komplexen Universum

An dieser Stelle sei mir bereits ein kleiner Ausflug in die Thematik späterer Kapitel dieses Buches erlaubt. Dem aufmerksamen Leser mag vielleicht aufgefallen sein, dass ich in Tabelle 2 nicht auf den Übergang von einem Universum zum nächsten eingegangen bin. Auf dieses Thema werde ich in Kapitel 16 noch ausführlich eingehen. Unbeantwortet wird allerdings bleiben, wie es denn zum allerersten Urknall, also dem Übergang vom allerersten zum zweiten Universum, gekommen sein mag. Nichtsdestotrotz können wir uns zumindest über die Größe der allerersten Universen Gedanken machen (siehe auch Kapitel 11). Es wäre nämlich unlogisch zu glauben, dass bereits die allerersten Universen die gleiche Größe wie unser aktuelles Universum gehabt hätten. Und nicht nur das, der logische Gedankengang ist es, anzunehmen, dass die Universen von Zyklus zu Zyklus immer größer werden!

Universen sollten wir als dynamische Objekte betrachten, weil sich anders der Entstehungsprozess von Universen nicht erklären lässt. Wenn jedes Nachfolge-Universum die gleiche Größe wie das Vorgänger-Universum hätte, dann bliebe die Frage offen, wie denn das allererste Universum entstanden ist. Wenn wir jedoch davon ausgehen, dass jedes Nachfolge-Universum etwas größer als das Vorgänger-Universum ist, dann klärt sich die Frage nach dem allerersten Universum von ganz alleine – es war winzig klein!

Dabei stellt sich natürlich sofort die nächste Frage – durch welchen Energiezuwachs wird jedes Universum etwas größer? Für die Beantwortung dieser Frage mag es sicher eine Reihe von Erklärungsmöglichkeiten geben. Ich kann mir z.B. vorstellen, dass jedes Universum bei seiner maximalen Ausdehnung Grenzregionen erreicht, die das Vorgänger-Universum zuvor nicht erreicht hatte. In diesen zuvor nie „besuchten" Bereichen könnten sich, so wie in Tabelle 2 beschrieben, aus Fluktuationen des Nichts energetische Strukturen gebildet haben, die vom jeweils existierenden Universum „einverleibt" werden. Dies ist natürlich ein hochspekulativer Erklärungsversuch und wahrscheinlich gibt es bessere Erklärungsmöglichkeiten.

Festzuhalten bleibt jedoch, dass bisher jede große Menschheitsfrage (Entstehung der Erde, Entstehung des Lebens, etc.) als Teil eines Entwicklungsprozesses beantwortet wurde, wieso sollte dies bei der Vorgeschichte des Universums anders sein? Eine Antwort darauf, warum das Universum von Zyklus zu Zyklus immer größer werden konnte, wird auf jeden Fall einfacher zu finden sein, als die Entstehung „unseres" Urknalls erklären zu wollen, ohne hierfür Vorgänger-Universen einzubeziehen.

Multiversum
Das in Tabelle 2 Gesagte gilt übrigens auch für den Fall, dass wir in einem Multiversum leben. Viele Wissenschaftler vermuten, dass parallel zu unserem Universum noch weitere Universen existieren, unser Universum also nur Teil eines noch viel größeren Multiversums ist. Im Grunde genommen ist es jedoch unerheblich, ob wir in einem Universum oder Multiversum leben, denn dies erweitert Tabelle 2 lediglich um einen oder wenige zusätzliche Komplexitätsgrade, alle anderen Komplexitätsgrade bleiben davon unbenommen.

Auch alle anderen Aussagen in diesem Buch gelten in gleichem Maße unabhängig davon, ob neben unserem Universum parallel noch andere Universen existieren, denn dies ändert lediglich die absolute Größe des Universums/Multiversums. Diese absolute Größe verändert lediglich die Skala vom Entstehungsprozess und den Zyklen des Universums und des Seins, von dem in den nächsten beiden Teilen die Rede sein wird.

Teil III Vom extrem Kleinen zum extrem Großen

9 Die Entstehung unseres jetzigen Universums

Wenn wir uns Gedanken über das Sein, über die vermeintliche Vergänglichkeit und über den Sinn des Lebens machen wollen, dann ist es unumgänglich, uns Gedanken über das gesamte große Universum zu machen. Ohne diesen Schritt kommen wir bei unseren Überlegungen nicht weiter. Um den gesamten Kreislauf des Daseins und aller komplexer Strukturen im Universum, inklusive des Menschen, verstehen zu können, müssen wir uns anschauen, wie unser jetziges Universum entstanden ist, wie sich dieses aus vorherigen Universen entwickelt hat und welche Universen nach dem Ende unseres jetzigen Universum entstehen könnten. Auf die Entstehung unseres jetzigen Universums werde ich in diesem Kapitel eingehen, auf die Entstehung des allerersten Universums in Kapitel 11 und auf mögliche Übergange zu Nachfolge-Universen in Kapitel 16.

Der Stand der Wissenschaft besagt, dass der Urknall, der als Anbeginn von Raum und Zeit allgemein anerkannt ist, gleichzeitig auch der Startpunkt jeglicher Existenz gewesen ist. Das heißt also weitergedacht, urplötzlich soll aus dem absoluten Nichts unendlich dicht gepackte Energie entstanden sein, die sich dann im Urknall entladen hat. Wie unlogisch diese Sicht der Dinge ist und warum es viel, viel logischer ist, dass es vor dem Urknall ein Vorgänger-Universum gegeben haben muss, werde ich im Folgenden beschreiben. An dieser Stelle sei bereits erwähnt, dass ich, bezogen auf den allerersten Sekundenbruchteil der Entstehung unseres Universums, eine andere Meinung habe als die gängige wissenschaftliche Meinung, dies bezieht sich aber nur auf die ersten 10^{-36} Sekunden (eine sextillionstel Sekunde) des Universums. Zunächst aber erst einmal die Beschreibung des zurzeit anerkanntesten Erklärungsmodells zur Entstehung des Universums[9]:

Für die Zeitspanne zwischen 0 und 10^{-43} Sekunden (0,1 septillionstel Sekunden) gibt es bislang keine physikalischen Modelle, die beschreiben könnten, was in diesem Zeitraum geschehen ist. Man geht jedoch davon aus, dass es noch keine der uns heute bekannten Materieteilchen gab und dass die Energie des gesamten Universums auf einen winzigen kleinen Punkt, noch viel kleiner als ein Atomkern, komprimiert war.

In der Zeitspanne zwischen 10^{-43} Sekunden und 10^{-38} Sekunden (0,01 sextillionstel Sekunden) wurde die Gravitation geboren. Zuvor soll es nur eine Urkraft mit unbekannten Eigenschaften gegeben haben und aus dieser Urkraft hat sich dann die Gravitation abgekoppelt. Durch die anziehende Kraft der Gravitation dehnte sich das Weltall in diesem Zeitraum „nur" um ca. das Hundertfache aus und war immer noch sehr viel kleiner als ein Atomkern. Im Zeitraum zwischen 10^{-38} Sekunden und 10^{-36} Sekunden (eine sextillionstel Sekunde) soll dann etwas schier Unglaubliches passiert sein.

Als sich der Rest der Urkraft in die beiden Kräfte „Starke Kernkraft" (sie hält Atomkerne zusammen) und „Elektroschwache Kraft" (aus ihr gehen Licht und Radioaktivität hervor) aufgespalten haben, soll diese Kraft-Aufspaltung so starke Energien freigesetzt haben, dass sich sogenannte Inflatonen gebildet haben. Inflatonen sollen Teilchen sein, die die besondere Eigenschaft haben, dass die Gravitation nicht anziehend sondern abstoßend auf sie wirkt. Deshalb blähte sich das Universum nun mit rasender Überlichtgeschwindigkeit aus: von der Größe weit unterhalb eines Atomkerndurchmessers bis auf die Größe eines Medizinballs. Übersetzt auf einen Stecknadelkopf würde dies bedeuten, dass sich dieser im gleichen Zeitraum auf den tausendfachen Durchmesser des heutigen Universums ausgedehnt hätte! Danach zerfielen die Inflatonen wieder in andere Teilchen, auf welche die Gravitation, zum Glück für uns, wieder Einfluss hatte.

Fassen also wir nochmal zusammen: 1. Die Gravitation wird geboren und sorgt dafür, dass sich das Universum lediglich um Faktor 100 ausdehnt. 2. Die Gravitation kann nicht verhindern, dass sich das Universum um den Faktor eine Quintilliarde (10^{33} oder 1 000 000 000 000 000 000 000 000 000 000 000) ausdehnt. 3. Die Gravitation hat plötzlich wieder Einfluss und sorgt dafür, dass sich das Universum nur noch mit ungefähr der heutigen Geschwindigkeit ausdehnt.

Dieses Inflationsmodell wurde 1979 und 1980 von Alexei Starobinsky und Alan Guth entwickelt, und der Weg ist nicht mehr weit zur Verleihung des Nobelpreises für dieses kosmologische Modell. Nun ist es natürlich anmaßend, angehenden Nobelpreisträgern zu widersprechen, aber es gibt gute Gründe das Inflationsmodell mit kritischen Augen zu sehen. Zunächst schauen wir uns aber die weitere (weit weniger umstrittene) Entwicklung des Universums an, bevor ich dann im nächsten Kapitel mein kosmologisches Alternativmodell für die ersten 10^{-36} Sekunden (eine sextillionstel Sekunde) des Universums vorstelle.

Betrachten wir zunächst die ersten Sekunden unseres Universums, in denen sehr viel geschehen ist. In fulminant schnellen Wechselspielen zwischen Energie und Materie entstanden alle uns heute bekannten Elementarteilchen, u.a. die Grundbausteine der Atomkerne (die Quarks) und die Elektronen, gleichzeitig aber auch die entsprechenden Antiteilchen, also z.B. Antiquarks und Antielektronen (Positronen). Jeweils drei Quarks haben sich zu einem Proton oder Neutron (beides Bausteine von Atomkernen) verbunden, genauso wie sich jeweils drei Antiquarks zu einem Antiproton oder Antineutron verbunden haben. Sodann vernichteten sich in einem höllischen Spektakel fast alle Teilchen und Antiteilchen gegenseitig und zerplatzten in einem Schauer aus Lichtteilchen (Photonen).

Es gab aber einen Überschuss von 1 000 000 001 Teilchen zu 1 000 000 000 Antiteilchen, so dass, zum Glück für unsere Existenz, genügend Teilchen übrig blieben, um das riesige uns heute bekannte Universum zu bilden. Weil die Temperatur des Universums inzwischen auf wenige Milliarden Grad „abgekühlt" war, reichte die Energie nicht mehr weiter aus, neue Teilchen und Antiteilchen zu erzeugen. Übrigens sind bis heute die Gründe unbekannt, warum es im frühen Universum mehr Teilchen als Antiteilchen gab.

Als das Universum eine Minute alt war, hatte es bereits einen Durchmesser von 1000 Lichtjahren oder 10 Billiarden Kilometern, dies entspricht einem Hundertstel des Durchmessers der Milchstraße. Diese Zahlen zeigen, dass sich das frühe Universum schneller als mit Lichtgeschwindigkeit ausgedehnt hat. Dies widerspricht übrigens nicht Einsteins Relativitätstheorie, die besagt, dass sich Teilchen und Strahlen im Raum nicht schneller als mit Lichtgeschwindigkeit bewegen können, weil sich in diesem Fall der Raum selbst bewegt hat.

Innerhalb der ersten fünf Minuten des Universums wären nun beinahe alle Neutronen in Protonen und Elektronen zerfallen, aber zum Glück für unsere Existenz konnten sich jeweils 2 Neutronen mit 2 Protonen zu Atomkernen des Elements Helium vereinigen. Deutlich seltener verbanden sich zudem jeweils 4 Neutronen mit 3 Protonen zu Atomkernen des Elements Lithium. Als Bestandteil von Helium- und Lithiumkernen waren die Neutronen nun vor dem Zerfall geschützt.

Soviel in diesen ersten fünf Minuten des Universums auch geschehen war, in den nächsten Jahrtausenden passierte nichts Spektakuläres. Das Universum war ein Gemengelage aus umherschwirrenden Atomkernen, Elektronen und Lichtteilchen (Photonen). Die Bewegungsenergie der Photonen war so hoch, dass sie immer wieder gegen die Elektronen stießen und so verhinderten, dass sie die Atomkerne umkreisen konnten.

Das Universum dehnte sich immer weiter und weiter aus, so dass die Temperatur nach 380.000 Jahren schließlich auf 2700°C abfiel. Diese Temperatur war nun niedrig genug, dass sich auch endlich Atome bilden konnten. Die umherschwirrenden Lichtteilchen (Photonen) hatten aufgrund der niedrigeren Temperatur nicht mehr genügend Kraft, die Elektronen aus ihrer Bahn um die Atomkerne heraus zu katapultieren. Deshalb passierte nun zweierlei: 1.) Atome entstanden (Elektronen umkreisen dauerhaft Atomkerne) und 2.) das Universum wurde durchsichtig, weil die Elektronen den Photonen nicht mehr „im Weg standen" und sich ungehindert fortbewegen konnten. Entsprechend der Verteilung der Atomkerne entstanden zu ca. 75% Wasserstoffatome (1 Proton + 1 Elektron), zu ca. 25% Heliumatome (2 Protonen + 2 Neutronen + 2 Elektronen), sowie Spuren von Lithiumatomen (3 Protonen + 4 Neutronen + 3 Elektronen) und Berylliumatomen (4 Protonen + 5 Neutronen + 4 Elektronen).

Im nun durchsichtigen Universum wurde es schnell stockduster, die sogenannte „dunkle Ära" des Universums begann. Da dieses zudem (bis heute) nicht aufhörte, sich immer weiter und weiter auszudehnen, wurde es nach wie vor immer kälter. Uns Menschen hätte das Universum nach zwölf Millionen Jahren gut gefallen, denn zu diesem Zeitpunkt herrschten wohlige 25°C. Zwei Millionen Jahre später herrschten allerdings schon Minusgrade und die weitere Abkühlung schreitete immer weiter voran.

Damit könnte das Universum an dieser Stelle eigentlich sein trauriges Ende besiegeln, wenn nicht eine uns sehr bekannte Kraft, die Gravitation, bewirkt hätte, dass sich Materieteilchen gegenseitig angezogen hätten. Dieser Prozess der Materieverklumpung ließ bereits nach weniger als 100 Millionen Jahren in allen Regionen des Universums Sterne und später auch Galaxien entstehen, es wurde ein zweites Mal hell im Universum! Diese Phase des Universums dauert bis heute an, 13,8 Milliarden Jahre nach dem Urknall.

10 Medizinball versus Inflatonen

Soweit, so gut. Die Entstehung unseres Universums ist ein faszinierender Prozess und es scheint so, als wenn zahlreiche Glücksfälle diesen Prozess erst ermöglicht hätten. Zudem scheint es so, als wenn in dem angeblich unendlich kleinen und dichten Punkt, aus dem der Urknall hervorging, bereits alle Parameter für ein lebensfreundliches Universum „eingefräst" gewesen wären. Wie wahrscheinlich oder besser gesagt wie unwahrscheinlich dies aber ist, habe ich bereits in Kapitel 2 im Detail beschrieben. In meinen Augen ist es demnach viel wahrscheinlicher, dass das Universum überhaupt gar nicht aus einem unendlich dichten Punkt entstanden ist, sondern zum Zeitpunkt seiner größten Dichte ungefähr so groß wie ein Medizinball war!

Dem aufmerksamen Leser wird aufgefallen sein, dass nach dem oben beschriebenen und weit anerkannten Modell das Universum nach 10^{-36} Sekunden (eine sextillionstel Sekunde) die Größe eines Medizinballs hatte, und zwar nachdem das Universum durch hypothetische Inflatonen „aufgepumpt" worden sein soll. Das hierfür zugrunde liegende Inflationsmodell hat eine Reihe von astrophysikalischen Rätseln gelöst, mit denen die Forscher bis dato konfrontiert gewesen waren. Modelle, die Rätsel lösen, erfreuen sich natürlich großer Beliebtheit, weil man sich der letztendlichen Lösung einen Schritt näher wähnt.

Unglücklicherweise verschiebt das Inflationsmodell die ungeklärten Fragen jedoch nur, viele Fragen bleiben und andere sind hinzugekommen. Ich bin bei weitem nicht der einzige, der das Inflationsmodell in Frage stellt. Im folgenden werde ich sowohl aktuelle Kritikpunkte am Inflationsmodell[21] als auch von namhaften Astrophysikern favorisierte Alternativmodelle beschreiben.

Das Problem bei der Inflationstheorie besteht darin, dass das dahinter stehende mathematische Modell alles erlaubt, was überhaupt möglich ist und das sogar unendlich oft! Alle möglichen Universen mit den unterschiedlichsten Bedingungen dürfen laut dieser Theorie entstehen, und zwar unendlich viele Universen mit Eigenschaften, wie wir sie kennen, aber auch unendlich viele Universen mit Eigenschaften, die völlig anders sind als in unserem Universum. Dies bedeutet, die

Inflationstheorie erklärt alle ungelösten Fragen damit, dass absolut alle theoretisch möglichen Anfangsbedingungen erlaubt sind.

Wenn es nun aber so ist, dass alle möglichen Anfangsbedingungen des Universums erlaubt sind, so fragt man sich, warum es überhaupt eine Inflation gegeben hat. Denn wie wir bereits in Kapitel 2 gesehen haben, führen die absolut meisten Anfangszustände eines Universums zu Universen, in denen kein Leben entstehen kann. Aber von der sehr kleinen Anzahl an lebensfreudlichen Universen würden die absolut meisten ohne Inflation auskommen. Das bedeutet, auch in diesem Punkt würden wir in einem außerordentlich speziellen Universum leben.

Theoretiker ringen bisher um eine plausible Lösung, um das Inflationsmodell auf stabile zu Füße stellen. So wurde z.B. versucht, nichtewige Inflationstheorien herzuleiten, um die unendliche Vielfalt der Universen im Keim zu ersticken. Bedingungen hierfür wären jedoch ein Universum mit einem sehr speziellen Anfangszustand sowie eine spezielle Form inflationärer Energie. Dies widerspricht jedoch dem eigentlichen Zweck der Inflation: Sie soll das Ergebnis unabhängig von den zuvor herrschenden Bedingungen erklären.

Anders wäre dies in einem zyklischen Universum! Im Modell des zyklischen Universums ist es gar nicht notwendig, dass das Inflationsfeld für „Ordnung" sorgt, weil alle Raumbereiche des Universums nämlich schon vor dem Urknall miteinander in Kontakt gewesen wären. Demnach wäre es z.B. denkbar, dass nach rund einer Billion Jahren die Expansion des Universums in eine Kontraktion übergeht und aus dem Rückprall („Bounce") ein neues expandierendes Universum entsteht.[21]

In Kapitel 16 werde ich weitere Modelle von zyklischen Universen vorstellen, wie ich sie mir persönlich vorstellen könnte. Bereits jetzt sei angemerkt, dass es nicht mein Ziel ist, das exakte Modell eines zyklischen Modells ausfindig zu machen. Es geht vielmehr darum, zu verstehen und zu erkennen, dass es eine Reihe von Möglichkeiten gibt, wie unser Universum, und damit auch unser eigenes Sein, Teil eines sehr großen, ewig andauernden, Kreislaufs ist; und damit auch unser eigenes Ewiges Sein.

11   Das allererste Universum

Im Themenbereich der Kosmologie gibt es fast keine Frage, die noch nicht gestellt wurde und zu jeder Frage gibt es Antworten in Form von Beweisen oder Theorien oder zumindest Spekulationen. Eine Frage jedoch habe ich noch in keinem Buch gefunden. Dies ist die Frage nach dem allerersten Anfang. Damit meine ich nicht den Urknall sondern den Beginn des allerersten Universums, aus dem alle anderen Universen hervorgegangen sind.

Wenn man die Frage stellt, wann dieses allererste Universum wohl entstanden ist, reichen alle uns bekannten Zahlen wahrscheinlich nicht aus. Selbst wenn wir uns vorstellen, dass es bereits Trilliarden von

Universen vor dem unseren gegeben hat, so könnte diese Zahl immer noch nicht ausreichen. Egal wann dieses allererste Universum entstanden ist, irgendwann muss es entstanden sein. Möglichkeiten gibt es sehr viele und jeder von uns ist aufgerufen, selber hierzu Ideen zu entwickeln. Im folgenden stelle ich Ihnen meine eigenen Ideen vor.

Wenn wir uns vorstellen, dass unser Universum aus einem Vorgänger-Universum entstanden ist, stellt sich natürlich sofort die Frage, wie und woraus denn dieses Vorgänger-Universum entstanden ist. Es ist verlockend zu antworten, dass der Kreislauf der Universen schon ewig bestanden hat. So einfach wollen wir es uns aber nicht machen, weil unser logischer Verstand uns sagt, dass jeder Kreislauf irgendwann auch einmal ein Anfang gehabt haben muss. Die Antwort kann eigentlich nur lauten, dass es eine Art von Entwicklung der Universen geben muss.

Um uns dies zu veranschaulichen, betrachten wir einmal das Tierreich. Aus Einzellern haben sich Vielzeller entwickelt, aus Vielzellern haben sich kleine Lebewesen entwickelt, aus kleinen Lebewesen haben sich große Lebewesen entwickelt. Das heißt, über die Jahrmillionen sind Lebewesen immer größer und größer geworden bis sie an physikalische und biologische Grenzen gestoßen sind. In gleichem Maß wächst auch die Anzahl an Tier-, Pflanzen- und Bakterienarten immer soweit an, bis die biologischen Grenzen erreicht sind. Übertragen auf die Universen ist es deshalb naheliegend, dass sich unser jetziges Universum aus einem etwas kleineren Universum entwickelt hat, dieses wiederum hat sich aus einem noch etwas kleinerem Universum entwickelt, usw.

Wenn wir diesen Gedanken weiterführen, dann kommen wir zu dem Schluss, dass das allererste Universum viel kleiner als ein Atom gewesen sein muss. Mit anderen Worten, das allererste Universum muss sich quasi aus dem absoluten Nichts erschaffen haben.

Wie können wir uns das vorstellen? Das absolute Nichts unterscheidet sich deutlich von Vakuum, welches wir auch hier auf der Erde erschaffen können. Vakuum ist immer noch Raum, d.h. es besteht aus (hypothetischen) Raumatomen. Zudem entstehen aus der dem Vakuum innewohnenden Energie ständig sogenannte virtuelle Teilchen, d.h. sogar im Vakuum entstehen spontan und extrem kurzfristig Teilchen-Pärchen, die sich dann sofort wieder gegenseitig vernichten. Im absoluten Nichts dagegen liegen weder Raumatome vor, noch entstehen virtuelle Teilchen. Dies bedeutet im Übrigen auch, dass das absolute Nichts nicht drei Dimensionen hat. Auch eine zeitliche Dimension gibt es nicht, weil sich im absoluten Nichts nichts verändert.

Dieses Szenario übersteigt natürlich all unsere Vorstellungskraft, deshalb müssen wir uns Analogien zu Hilfe nehmen. Ich stelle mir das absolute Nichts als schwarze Fläche vor, die still vor sich hinruht und auf der absolut keine Veränderungen vonstatten gehen. Doch genau dies ist das Problem. Was ist wahrscheinlicher: eine ebene schwarze Fläche oder eine schwarze Fläche, in der winzige Schwankungen auftreten? Die

Anzahl der Zustände liegt bei der ebenen schwarzen Fläche bei genau eins. Bei der schwarzen Fläche, in der winzige Schwankungen auftreten, liegt die Anzahl der Zustände bei einer sehr, sehr hohen Zahl. Dies bedeutet, dass ein absolutes Nichts, das winzige Schwankungen aufweist, sehr viel wahrscheinlicher ist als ein Universum, das einfach nur flach und eben vor sich hin existiert.

In Kapitel 8 haben wir gesehen, dass die komplexen Strukturen des Lebens aus weit weniger komplexen Strukturen entstanden sind. Genauso können wir uns die Entstehung der ersten Komplexität im allerersten Universum vorstellen.

Der Wahrscheinlichkeit nach müssen einige der winzigen Schwankungen im allerersten Universum miteinander in Interaktion getreten sein. In der Regel haben sich auch diese interagierenden Schwankungen sofort wieder in der schwarzen ebenen Fläche verloren. Interagierende Schwankungen brauchen hierfür jedoch etwas länger als die nicht interagierenden Schwankungen. Das heißt, die interagierenden Schwankungen haben eine längere „Lebenszeit" und damit einen Wettbewerbsvorteil gegenüber den nicht interagierenden Schwankungen. Die länger existierenden interagierenden Schwankungen haben nun eine höhere Wahrscheinlichkeit, mit anderen Schwankungen zu interagieren. Diese zusätzlichen Interaktionen verlängern aber zugleich wiederum die Überlebenszeit der jetzt schon deutlich größeren Schwankungen. Diese längere Lebenszeit könnte z.B. dafür gesorgt haben, dass sich eine Schwankung mit sich selber oder mit anderen Schwankungen „verknotet" und sich dadurch eine Existenz jenseits des Gleichgewichts gesichert hat.

Wenn wir uns dann noch vorstellen, dass es unterschiedliche Möglichkeiten der Verknotungen gibt, hat sogar schon eine Differenzierung stattgefunden. Mit anderen Worten: Das allererste Universum hat sich von sich heraus selbst erschaffen – Selbstorganisation des allerersten Universums! Dies ist übrigens auch der Anbeginn der Zeit, weil die erste Veränderung stattgefunden hat, die nicht sofort wieder in die Stetigkeit der schwarzen Fläche übergeht.

Auch die nachfolgenden Schritte des allererste Universums sind natürlich reine Spekulation. Es könnte aber z.B. sein, dass die verknoteten Schwankungen Raumatome darstellen, die sich miteinander verketten. Die sich verkettenden Raumatome bilden damit den dreidimensionalen Raum, wie wir ihn kennen (dreidimensional deshalb, weil ein zweidimensionaler Raum keine Knoten bilden kann).

Den Raumatomen wohnt auch eine Energie inne, weil die Schwankungen, aus denen sie hervorgegangen sind, nicht mehr in die schwarze Fläche des absoluten Nichts überfließen können. Deshalb stehen die Raumatome auch in Zusammenhang mit den Strings, den unteilbaren Energieträgern, aus denen wahrscheinlich alle Energie und Materie unseres Universum aufgebaut ist.

Als Nächstes dürften die Gravitonen entstanden sein und damit auch die Gravitation, die alle Materie aneinander bindet. Ein enger Zusammenhang der Raumatome mit den Gravitonen ist hier naheliegend: aus je mehr Strings ein Körper aufgebaut ist, durch umso mehr verkettete Raumatome ist dieser mit anderen Körpern verbunden. Wie beim Tauziehen sind die Körper miteinander verbunden und zerren den einen in die Richtung des anderen.

Auch alle weiteren Strukturen des allerersten Universums entstanden durch den in Kapitel 8 beschriebenen Mechanismus aus Interaktion und Differenzierung. Das Universum wurde komplexer, das heißt alle uns heute bekannten Kräfte und Teilchen entstanden. Bis im allerersten Universum allerdings genügend Energie zusammenkam, um den allerersten Urknall entstehen zu lassen, dürfte eine schier unglaublich lange Zeit verstrichen sein. Immerhin mussten erst einmal soviele Energieeinheiten neu entstehen und sich gegenseitig anziehen, dass deren Gravitationskräfte ausreichten, um die Materie so sehr zusammenzupressen, dass selbst die Gravitonen unter der Kraft der Gravitation zusammengepresst wurden und dadurch den ersten Urknall der Weltgeschichte nicht mehr verhindern konnten (siehe auch Kapitel 16.1).

Das beschriebene Szenario ist, wie bereits erwähnt, reine Fiktion. Das genaue Geschehen ist aber irrelevant. Die Kernaussage ist, dass das Universum von sich aus in der Lage ist, sich zu erschaffen und zu entwickeln.

Egal was passiert, die Komplexität wird immer die Oberhand behalten. Dies bedeutet, auf ewig wird es im heutigen und in den nachfolgenden Universen komplexes und intelligentes Leben geben. Wir brauchen deshalb keine Angst zu haben, dass wir im schwarzen, unveränderlichen Nichts enden werden, weil die Komplexität und damit auch das intelligente Leben sich auf ewig neu erschaffen wird.

Teil IV Vom Anfang zum Ende und wieder zum Anfang

12 Zyklen aus Leben und Tod: die Erde

Bevor wir uns in Kapitel 14 das Schicksal des Lebens auf der Erde anschauen werden, betrachten wir zunächst die bisherige Entwicklung des Lebens auf der Erde. Dabei fragen sich viele Menschen, warum sich auf der Erde erst nach Milliarden von Jahren komplexe Lebensformen entwickelt haben. Dies hängt damit zusammen, dass sich die Anteile von Kohlendioxid und Sauerstoff in der Atmosphäre aufgrund mehrerer Zyklen aus Leben und Tod extrem stark verändert haben. Verursacher dieser Zyklen war interessanterweise das Leben selber.

Als sich vor ca. 3,8 Milliarden Jahren das erste Leben auf der Erde entwickelte, war der Anteil an Kohlendioxid in der Atmosphäre sehr hoch, während der von Sauerstoff bei praktisch null lag. Dies änderte sich vor ca. 2,5 Milliarden Jahren, als Mikroben die Photosynthese entwickelten. Diese photosynthetisch aktiven Lebewesen wandelten Kohlendioxid in Sauerstoff um.

Im Gegensatz zu heute gab es früher jedoch keine Organismen, die den entstehenden Sauerstoff wieder zu Kohlendioxid veratmen konnten. Schlimmer noch, für die damaligen Organismen war Sauerstoff ein Zellgift, so dass ein großes Massensterben einsetzte, das nur von einigen Sauerstofftoleranz entwickelnden Mikroben überlebt wurde. Doch damit nicht genug, durch die starke Verringerung des Kohlendioxidgehalts in der Atmosphäre fehlte dessen Treibhauswirkung, so dass im Zusammenspiel mit der Tatsache, dass die Sonne damals schwächer schien als heute, die gesamte Erde zu einem riesigen Schneeball vereiste! 100 Millionen Jahre lang waren die Ozeane komplett zugefroren und die Erde war über und über mit Gletschern überzogen.[22]

Entkommen konnte die Erde diesem eisigen Tod nur mittels den Kräften in ihrem Inneren. Aufgrund ihrer Größe hat sich die Erde seit ihrem heiß brodelndem Anbeginn einen heißen Erdmantel bewahrt, dessen Magma sich in regelmäßigen Abständen in riesigen Vulkanausbrüchen ihren Weg an die Oberfläche bahnt. Das Kohlendioxid aus dem Erdinneren reicherte sich so in der Atmosphäre an und sorgte langsam wieder für eine Erwärmung der Erdoberfläche.

Das danach wieder erblühende mikrobische Leben entwickelte sich in den nächsten Jahrmillionen evolutiv weiter, bis vor ca. 700 Millionen Jahren mehrzellige Pflanzen die zweite globale Vereisung verursachten. Die Pflanzen bauten weitaus mehr Kohlendioxid ab als von Sauerstoff atmenden Mikroben produziert werden konnte. Die Folge war wiederum das Verbrauchen des atmosphärischen Kohlendioxids, so dass durch dessen fehlende Treibhauswirkung die Erde zum zweiten Mal zum eisigen Schneeball wurde, wodurch natürlich ein weiteres Mal ein Massensterben verursacht wurde. Auch aus dieser Vereisung befreite sich die Erde mittels ihrer vulkanischen Aktivität.

Eine moderne Sicht auf den Sinn des Lebens und unsere Stellung im Kosmos

Pflanzen und Mikroben haben mittels ihrer photosynthetischen Aktivität nicht nur, wie oben beschrieben, den Kohlendioxidgehalt in der Atmosphäre deutlich erniedrigt sondern auch den Sauerstoffgehalt deutlich erhöht. Hierdurch konnte sich eine Ozonschicht in der Atmosphäre ausbilden, welche vor mehreren hundert Millionen Jahren mit ihrer schützenden Wirkung vor kosmischer Strahlung das Leben an Land erst ermöglichte. Dies wiederum ermöglichte es den Pflanzen, sich nicht nur im Wasser sondern auch an Land zu entwickeln. Dort vermehrten sie sich sprunghaft und schufen so das Biotop für eine nie zuvor gesehene Anzahl an Tier- und Pflanzenarten („kambrische Explosion", siehe Kapitel 14).

Die obigen Beispiele zeigen, dass im Anschluss eines offensichtlichen „Todes" sogar eines ganzen Planeten wieder ein Zyklus des Lebens beginnt. Eine 100 Millionen Jahre währende Vereisung des Planeten ist für einen Menschen eine nicht vorstellbare lange Zeit, gemeinhin würde man diesen Zeitraum als „ewig" bezeichnen. Dennoch schließt sich an die scheinbare Vernichtung des Lebens jeweils ein noch längerer Zeitraum des Lebens an.

Die Kapitel dieses Teil des Buches beschreiben Beispiele, die Zyklen aus „Tod" und „Geburt" veranschaulichen sollen. Damit möchte ich verdeutlichen, dass unser Universum offensichtlich und zugleich nur scheinbar seinem Ende entgegenstrebt, jedoch eigentlich Teil eines großen Zyklus ist und demnach ewig existieren wird. Hierbei ist es unerheblich, ob wir als Menschen existieren oder als irgendeine andere intelligente Lebensform, die sich seiner Stellung im Universum bewusst wird.

Das folgende Kapitel soll verdeutlichen, dass das Überleben des Menschen vor ca. 150.000 Jahren auf Messers Schneide stand. Falls die Menschen damals ausgestorben wären, hätten wir in gewissem Sinne jedoch dennoch überlebt – denn zwischendurch erklimmt das Sein im ewigen Zyklus der Universen immer und immer wieder so viele Komplexitätsstufen, dass es sich seiner Selbst gewahr wird.

13 Das Fast-Aussterben der Menschen

Die wenigsten Menschen wissen, dass unsere Spezies in ihrer jüngeren Entstehungsgeschichte kurz davor stand auszusterben. Dieses Fast-Aussterben hatte wahrscheinlich aber auch entscheidenden Anteil daran, dass Intelligenz zu einem evolutivem Selektionsfaktor werden konnte und war somit Grundlage für die Vormachtstellung des Menschen auf der Erde.

Die Archäologen sagen uns, dass es den modernen Menschen seit rund 200.000 Jahren gibt. Dies schließen sie aus Fossilfunden, die belegen, dass sich der Körperbau der damaligen Menschen nicht von dem der heutigen Menschen unterscheidet. Diese Erkenntnis ist unumstritten. Anders ist es jedoch mit folgendem Punkt: Gängige Lehrmeinung ist, dass die geistige Entwicklung des Menschen sich erst im Laufe dieser 200.000 Jahren allmählich entwickelte.

Diese Sicht der Dinge gerät jedoch allmählich ins Wanken. So gibt es sehr starke Belege dafür, dass der Mensch bereits vor 164.000 Jahren über geistige Fähigkeiten verfügte, die denen heutiger Menschen in keinster Weise nachstehen.[16] So gab es eine menschliche Population an der südafrikanischen Küste, die damals bereits präzise, lange und komplexe Handlungsketten anwandte, um Werkzeuge herzustellen.

Jene genaue Abfolge der Werkzeugherstellung an nächste Generationen weiterzugeben, dürfte ohne Sprache kaum möglich gewesen sein. Weil sich diese Population zudem u.a. von Muscheln, Schnecken und Krebsen ernährte, diese sich aber nur bei Springniedrigwasser, also wenn Ebbe und Flut wegen der Stellung von Sonne und Mond besonders groß ausfallen, ernten lassen, verfügten diese Menschen wohl auch über einen Mondkalender, um die Ernten genau planen zu können, da ihre Höhlen mehrere Kilometer von der Küste entfernt lagen.

Eine weitere wichtige Ernährungsquelle waren Pflanzenknollen und -zwiebeln, die in der dortigen Vegetationszone reichlich vorhanden waren. Anders als die anderen Regionen Afrikas zur damaligen Zeit, die aufgrund wechselnder Kälte- und Wärmeperioden weitgehend für Menschen unbewohnbar waren, herrschten an der südlichen Küste Afrikas Klimabedingungen, die sogar die Sesshaftigkeit der Menschen möglich machte.

Die Unwägbarkeiten des Nomadenlebens ließ den Menschen zur damaligen Zeit in vielen Regionen Afrikas aussterben. Mit anderen Worten: Die harten Umweltbedingungen der damaligen Zeit lösten einen Selektionsdruck auf die Intelligenz der bestehenden menschlichen Populationen aus. Ohne Intelligenz hätten die Menschen die damaligen harten Umweltbedingungen nicht überleben können und ohne harte Umweltbedingungen hätte es keinen Selektionsvorteil für intelligente Handlungsweisen gegeben.

Die weit überwiegende Zeit der 200.000 Jahre Menschheitsgeschichte lebten über 10.000 Individuen in den Regionen Afrikas. Molekulargenetische Untersuchungen haben jedoch gezeigt, dass alle heute lebenden Menschen von einigen hundert Individuen abstammen. Dies bedeutet, dass es einen zeitlichen Flaschenhals gegeben haben muss, in der die Menschen bis auf wenige Ausnahmen ausstarben. Auswertungen der Klimabedingungen der letzten 200.000 Jahre zeigen, dass dieser Flaschenhals zwischen 195.000 und 123.000 Jahren stattgefunden haben könnte, als sich die Erde in einer langen Kälteperiode befand.

Nur aufgrund dieser harten Umweltbedingungen konnten sich also höhere kognitive Fähigkeiten durchsetzen, die sich in einem warmen Klima mit Nahrung im Überfluss niemals als evolutiver Vorteil erwiesen hätten. Übertragen auf die Entstehung von intelligentem Leben auf Exoplaneten, also Planeten außerhalb unseres Sonnensystems, bedeutet dies in meinen Augen, dass intelligentes Leben nur auf Exoplaneten, oder übrigens auch auf Exomonden, entstehen kann, die für längere Zeiträume nur schwach ausreichende Lebensbedingungen aufweisen. Durchgehend ideale Lebensbedingungen, wie z.B. zu Zeiten der Dinosaurier, schaden demnach der Entwicklung von intelligentem Leben.

Daraus wiederum folgt, dass die Menschen bei ihrer Suche nach intelligentem Leben außerhalb der Erde gar nicht auf Planeten mit idealen Lebensbedingungen beschränkt wären, sondern dass Himmelskörper mit schwach ausreichenden Lebensbedingungen wahrscheinlich sogar eher intelligente Lebensformen aufweisen würden als eine perfekte zweite Erde.

Leben auf Exomonden

An dieser Stelle möchte ich einen kleinen Schwenk zu einem meiner Lieblingsthemen machen. Wenn Kosmologen nach Himmelskörpern suchen, auf denen außerhalb unseres Sonnensystems Leben existieren könnte, weil diese den „richtigen" Abstand zu ihrer Sonne haben und damit auf ihnen flüssiges Wasser als Grundlage der Entstehung von Leben vorliegen könnte, dann schaffen es meist nur Gesteinsplaneten in die medialen Schlagzeilen. Dies ist eigentlich sehr verwunderlich!

Zwar leben wir Menschen auf einem Gesteinsplaneten, doch heißt dies noch lange nicht, dass wir auch in anderen Sonnensystemen nur nach Gesteinsplaneten zu suchen brauchen. Wenn wir uns die Gasriesen in unserem Sonnensystem, wie z.B. Jupiter und Saturn, anschauen, wissen wir, dass Gasriesen von Dutzenden

Monden umkreist werden; es besteht keinerlei Grund zu glauben, dass dies in anderen Sonnensystemen anders sein könnte.

Ebenfalls aus unserem Sonnensystem wissen wir, dass Monde sehr unterschiedliche Massen, Zusammensetzungen und Oberflächen haben können. Gasriesen, die ihre Sonne im genau „richtigen" Abstand umkreisen, werden also wahrscheinlich von Monden umkreist, deren Anteil an flüssigem Wasser auf der Oberfläche sehr unterschiedlich sein sollte. Die Wahrscheinlichkeit, dass sich unter den wahrscheinlich Dutzenden Monden einige Monde befinden, die den genau richtigen Anteil an Wasser besitzen und zudem groß genug sind, um eine Atmosphäre bilden zu können, ist sehr groß.

Der „Mutterplanet" bietet den Exomonden zudem Vorteile, die im Falle der Erde durch Jupiter bzw. den Mond erfüllt werden: Der „Mutterplanet" schützt die Exomonde vor allzu vielen zerstörerischen Aufschlägen durch Asteroiden und Kometen; zudem verleiht er der Eigenrotation der Exomonde Stabilität, wodurch die Entstehung von Leben erleichtert wird.

Alles in allem sollten wir uns sehr viel mehr über Gasriesen als über Gesteinsplaneten freuen, die im „richtigen" Abstand um ihre Sonne kreisend gefunden werden. Gasriesen vervielfachen die Wahrscheinlichkeit, dass auf einem ihrer Monde Leben und vielleicht sogar intellligentes Leben existiert.

14 Der Hitzetod des Lebens auf der Erde

Die meisten Menschen wissen, dass sich unsere Sonne in ca. fünf Milliarden Jahren zu einem Roten Riesen aufblähen und damit alles Leben auf der Erde auslöschen wird. Die wenigsten allerdings wissen, dass die Uhr des komplexen pflanzlichen und tierischen Lebens auf der Erde bereits viel früher abgelaufen sein wird, nämlich in ca. 800 Millionen Jahren.[2] Interessanterweise ist dies eine ähnliche Zeitspanne, in der komplexes Leben bereits auf unserem Planeten vorherrscht. Vor ca. 550 Millionen Jahren (zu Beginn des Kambriums) entwickelten sich die meisten tierischen Abstammungslinien und die Zahl der Individuen erhöhte sich innerhalb weniger Millionen Jahren so stark, dass Wissenschaftler dieses Phänomen „kambrische Explosion" nennen oder auch den „Urknall" der biologischen Evolution.

Vor 550 Millionen Jahren lag die durchschnittliche Oberflächentemperatur der Erde aufgrund einer anderen Zusammensetzung der Atmosphäre (insbesondere größere Mengen der Treibhausgase Methan und Kohlendioxid) bei 30°C (der heutige Wert liegt bei 15°C). Weil jedoch der Erdmantel seit der Entstehung der Erde vor ca. fünf Milliarden Jahren immer weiter abkühlt, verlangsamen sich alle geodynamischen Prozesse und damit auch der Nachschub von Kohlendioxid aus dem Erdinneren durch Vulkanausbrüche.

Aufgrund des hierdurch sinkenden Kohlendioxidgehalts in der Atmosphäre kühlte sich die Oberflächentemperatur auf unter 30°C ab, so dass fortan auch komplexe vielzellige Organismen gedeihen konnten. Diese wiederum lösten eine Kettenreaktion aus, welche durch Fixieren des atmosphärischen Kohlendioxids, z.B. in absterbenden Bäumen sowie in Kalkschalen von Meerestieren, zu einer beschleunigten Abkühlung der Oberflächentemperatur um über 10°C in nur wenigen Millionen Jahren führte.

Die Pflanzen nehmen in diesem Prozess eine sehr wichtige Rolle ein, indem sie mittels Wurzelatmung und Abscheiden von Säuren die Freisetzung von Kalzium aus Silikatgestein verursachen und so erheblichen Anteil an der Fixierung des atmosphärischen Kohlendioxids in Kalkschalen haben. Zwar gelangt das fixierte Kohlendioxid über vulkanische Prozesse wieder zurück in die Atmosphäre, aber je höher die Sonneneinstrahlung ist, umso mehr schlägt das Pendel in Richtung fixiertes Kohlendioxid und damit in Richtung konstante Oberflächentemperatur.

Über die Stellschraube des atmosphärischen Kohlendioxidgehalts kann die Erde somit ihre Oberflächentemperatur und damit die Bedingungen für komplexes Leben über viele hundert Millionen Jahre relativ konstant halten. Übrigens kann auch der derzeitige menschenverursachte Anstieg des Kohlendioxidgehalts diesen Regulationsmechanismus nicht erschüttern; das System ist sehr robust und wird sich nach einer geologisch gesehen sehr kurzen Zeit wieder erholen.

Nun ist es jedoch so, dass die Sonnenleuchtkraft langsam aber stetig immer weiter zunimmt. In den nächsten 1,6 Milliarden Jahren wird deshalb der Kohlendioxidgehalt mittels des oben beschriebenen Prozesses immer weiter abnehmen, bis dieser weniger als 0,001% beträgt (der heutige Wert liegt bei ca. 0,04%) und damit unterhalb der Schwelle, die Photosynthese treibende Organismen zum Überleben benötigen. Jedoch wird die wärmeregulatorische Kraft des geringeren atmosphärischen Kohlendioxidgehalts bereits deutlich früher die Oberflächentemperatur nicht mehr ausreichend absenken können, so dass schon in ca. 800 Millionen Jahren die für höhere Lebensformen kritische Temperatur von 30°C überschritten sein wird – als Folge werden auch die letzten komplexen pflanzlichen und damit auch tierischen Lebewesen den Hitzetod erleiden.

Wir sehen also, die Sonne, die dem höheren Leben auf der Erde seit 550 Millionen Jahren die Grundlage der Existenz liefert, wird auch für dessen Ende verantwortlich sein. Zwar könnte der Mensch, sofern er dann noch existiert, mit technologischem Fortschritt die Menge der Sonneneinstrahlung auf der Erde eindämmen, doch über kurz oder lang wird die Sonne ihr Werk der Vernichtung vollenden. Warum aber unsere und natürlich auch alle anderen Sonnen überhaupt den Sternentod erleiden, beschreibt das nächste Kapitel.

15 Sterbende Sterne und das Innere Schwarzer Löcher

Gravitation ist die treibende Kraft in unserem Universum (siehe Kapitel 6). Solange jedoch ein Körper bestimmte Massegrenzen unterschreitet, können andere Kräfte der Gravitation standhalten. Die Erde hat z.B. eine relativ kleine Masse, so dass z.B. Menschen kräftig genug sind, sich aufrecht fortzubewegen, ohne von der Kraft der Gravitation zerdrückt zu werden. Astronomische Körper können jedoch deutlich höhere Massen erreichen, ohne in sich selbst zusammenzustürzen; das uns bekannteste Beispiel ist die Sonne.

Die Ursache dafür, dass unsere Sonne nicht in sich zusammenstürzt, sind thermonukleare Prozesse in ihrem Inneren: Die Wärmestrahlung, die während der kontinuierlichen Umwandlung von Wasserstoff zu Helium im Sonneninneren freigesetzt wird, sorgt für einen Gegendruck, der verhindert, dass die Sonne kollabiert. Dieses Phänomen wird thermonuklearer Gegendruck genannt, beschreibt also den Gegendruck der Lichtteilchen, ohne den die Sonne kein Lebensspender für die Erde sein könnte.

Wie wir jedoch wissen, wird in ca. fünf Milliarden Jahren der Wasserstoffvorrat der Sonne soweit aufgebraucht sein, dass die Gravitation die Überhand über den thermonuklearen Gegendruck gewinnen wird, so dass die Sonne zu einem weißen Zwerg zusammenstürzen und dann nur noch ungefähr die Größe der Erde haben wird.

Dies ist dramatisch genug. Aber worin liegt eigentlich der Grund, dass ein weißer Zwerg nicht zu einem noch kleineren Körper zusammenstürzt? Auch hier wirkt wieder eine Kraft der Gravitationskraft entgegen, welche sich in diesem Fall als „Entartungsdruck der Elektronen" darstellt. Die Atome im Kern der sterbenden Sonne werden nämlich gravitativ soweit ineinander gedrückt, dass dessen Elektronen einen Gegendruck aufbauen können, der dann den weiteren gravitativen Kollaps des weißen Zwergs verhindert.

Interessant ist jedoch, dass Sterne, die deutlich schwerer sind als unsere Sonne, aufgrund ihrer höheren Masse einen so großen Gravitationsdruck aufbauen können, dass dieser sogar stärker ist als der Entartungsdruck der Elektronen. Folglich werden in diesem Fall die Elektronen trotz ihrer negativen Ladung in die positiv geladenen Atomkerne gepresst und verschmelzen so mit ihnen zu Neutronen, welche, wie ihr Name sagt, elektrisch neutral sind. Diese Sterne nennt man dann nicht mehr weiße Zwerge sondern Neutronensterne. Wenn wir uns vorstellen, dass unsere Sonne zu einem Neutronenstern zusammenstürzen würde, dann hätte dieser einen Durchmesser von weniger als 10 km.[17]

Dies ist dramatisch genug. Aber worin liegt eigentlich der Grund, dass ein Neutronenstern nicht zu einem noch kleinerem Körper zusammenstürzt? Auch hier wirkt wieder eine Kraft der Gravitationskraft entgegen, welche sich in diesem Fall als „Entartungsdruck der Neutronen" darstellt. Die Neutronen des Neutronensterns bauen einen Gegendruck auf, der den weiteren gravitativen Kollaps des Neutronensterns verhindert.

Es gibt aber noch schwerere Sterne; diese können aufgrund ihrer höheren Masse bei ihrem Kollaps einen so großen Gravitationsdruck aufbauen, dass dieser sogar noch stärker ist als der Entartungsdruck der Neutronen. Wenn dies der Fall ist, wird die Masse der Sternenleiche auf ein so kleines Volumen gepresst, dass ein Schwarzes Loch entsteht; ein Objekt, das einen so großen Gravitationsdruck ausübt, dass noch nicht einmal Lichtteilchen diesem wieder entkommen können. Da sich im Raum bekanntlich nichts schneller als Licht bewegen kann, gibt es keine Teilchen oder Strahlung, die mit der Außenwelt des Schwarzen Lochs wieder in Kontakt treten können, sobald sie dessen Grenze überschritten haben. (Die Experten unter uns wissen, dass dies nicht ganz richtig ist, da mittels der sogenannten Hawking-Strahlung Schwarze Löcher auch wieder „verdampfen" können, auf dieses Thema werde ich in Kapitel 16.2 kurz eingehen.)

Die zentrale Frage für unsere weiteren Überlegungen soll nun sein, wie ein Schwarzes Loch denn in seinem Inneren aussieht! An dieser Stelle verlassen wir den Boden des als gesichert geltenden Wissens über sterbende Sterne und begeben uns in den Bereich der Spekulationen. Trotz dessen wollen wir versuchen, diese Frage logisch zu beantworten. Hierzu brauchen wir auch gar nicht Physik studiert haben, weil es uns nicht um konkrete Antworten geht sondern um allgemeine, logisch ableitbare, Schlussfolgerungen.

Eine moderne Sicht auf den Sinn des Lebens und unsere Stellung im Kosmos

Zunächst sollten wir uns von dem Gedanken verabschieden, dass ein Schwarzes Loch keine Innere Struktur haben kann, nur weil es für uns nicht sichtbar ist. Es ist nur deshalb schwarz, weil die Lichtteilchen nicht mehr entweichen können. Es wäre viel logischer sich vorzustellen, dass ein Schwarzes Loch einen massiven Kern hat, dessen Kompaktheit noch größer ist als bei einem Neutronenstern. Noch viel mehr sollten wir davon Abstand nehmen zu denken, dass im Zentrum eines Schwarzen Lochs eine Singularität vorliegt, also eine punktförmige Masse ohne jedwede Ausdehnung. Zwar sagt Einsteins Relativitätstheorie diese voraus, jedoch stößt bei Schwarzen Löchern Einsteins Theorie an seine Grenzen, weil diese auf einer extrem kleinen Raumskala der Quantenmechanik (siehe Kapitel 5) widerspricht.

Auch die oben besprochenen Entartungsdrücke der Elektronen bzw. Neutronen, die den weiteren gravitativen Kollaps der weißen Zwerge bzw. Neutronensterne verhindern, sind quantenmechanische Prozesse. Wie wir in Kapitel 5 gesehen haben, fehlt den Teilchenphysikern nach wie vor sowohl das praktische als auch das theoretische Wissen über eine ganze Bandbreite von Energiebereichen, die höchstwahrscheinlich von bisher noch nicht entdeckten Teilchen nur so wimmelt. So ist es also logisch sehr einfach ableitbar, dass auch diese Teilchen Entartungsdrücke aufbauen können, die den gravitativen Kollaps des massiven Kerns eines Schwarzen Lochs aufhalten!

Genauso wie die Masse einer Sternenleiche darüber entscheidet, ob ein weißer Zwerg, ein Neutronenstern oder ein Schwarzes Loch entsteht, würde also auch die Masse eines Schwarzen Lochs darüber entscheiden, wie kompakt der Kern eines Schwarzen Lochs vorliegt.

So wäre es z.B. gut vorstellbar, dass der kompakte Kern des Schwarzen Lochs in der Mitte unserer Milchstraße (mit einer Masse von ca. vier Millionen Sonnenmassen) einen noch kompakteren Kern aufweist als ein Schwarzes Loch, das durch den Tod eines Sterns entstanden ist. Für uns als äußeren Beobachter haben beide Arten Schwarzer Löcher die gleichen Eigenschaften (abgesehen von der Masse). Für die Überlegungen, die ich im nächsten Kapitel (16.1) aufführen werde, ist es jedoch wesentlich zu verstehen, dass Schwarze Löcher in ihrem Inneren verschiedene Kompaktheitsgrade aufweisen können, abhängig von deren Masse.

16 Zyklen von Universen – vier Szenarien

16.1 Der große Rückprall

In Kapitel 5 haben wir uns die innere Struktur von Materie angeschaut, wobei wir gesehen haben, dass alle Materie in ihrem tiefsten Inneren wahrscheinlich aus kleinsten Energieeinheiten, den sogenannten Strings, aufgebaut ist und dass gemäß der Schleifen-Quantengravitation sogar der Raum selber aus kleinsten „Raumatomen" bestehen könnte.[1]

Demnach ist der Raum kein konstantes Kontinuum, sondern ist selber aus allerkleinsten Einheiten aufgebaut. Diese Raumatome (auch Raumquanten genannt) sind unteilbar und bilden die Struktur des Raums unseres Universums. Unter normalen Bedingungen bemerken wir die Existenz der Raumatome überhaupt nicht; das „Gewebe" ist so dicht, dass es wie ein Kontinuum wirkt.

Die Raumatome haben jedoch Konsequenzen, wenn wir uns den Beginn unseres Universums anschauen. Nach der gängigen Urknalltheorie ist unser Universum aus einem unendlich dichten Punkt aus Energie entstanden. Die Existenz von Raumatomen würde einen unendlich dichten Punkt aber unmöglich machen, weil nichts kleiner sein kann als ein Raumatom und diese nur einen begrenzten Stauraum für Energie haben. Dies wiederum bedeutet, dass das Universum nicht aus einem unendlich kleinen Nichts entstanden sein kann, sondern dass schon vorher etwas existiert haben muss. Doch woher kam dieses Etwas? Es ist naheliegend, dabei an ein Vorgänger-Universum zu denken!

Darüber hinaus besagt die Theorie der Schleifen-Quantengravitation, dass die Gravitation bei sehr, sehr hohen Energien ihre anziehende Kraft verliert und zu einer abstoßenden Kraft wird! Dies widerspricht all unseren Erfahrungen und ist tatsächlich auch noch nie beobachtet worden. Im folgenden stelle ich eigene Überlegungen dar, wie wir uns das paradoxe Verhalten der nun plötzlich abstoßenden Anziehungskraft vorstellen können und wie der Übergang von einem Vorgänger-Universum zu unserem jetzigen Universum ausgesehen haben könnte.

In den drei weiteren Unterkapiteln gehe ich anschließend auf Theorien von drei weltweit bekannten Wissenschaftlern ein, wie dieser Übergang nach ihrer Meinung ausgesehen haben könnte.

Physiker beschreiben die Welt mit Hilfe von vier Grundkräften: Gravitationskraft, elektromagnetische Kraft, Starke Kernkraft und Schwache Kernkraft. Mindestens drei dieser vier Kräfte verfügen über Kraft-Wechselwirkungsteilchen (auch Austauschteilchen oder Bosonen genannt), siehe Tabelle 3.

Tabelle 3: Die vier Naturkräfte und deren Wechselwirkungsteilchen.

Naturkraft	Wechselwirkungsteilchen
Elektromagnetische Kraft	Photon (Lichtteilchen)
Schwache Kernkraft	W^-, W^+, Z
Starke Kernkraft	Gluon
Gravitation (Schwerkraft)	Graviton (hypothetisch)

Die Teilchen, die z.B. die elektromagnetische Kraft übertragen, sind Photonen (Lichtteilchen). Auch von der Starken und der Schwachen Kernkraft sind die Kraft-Wechselwirkungsteilchen bekannt. Einzig das Wechselwirkungsteilchen der Gravitation wurde noch nicht gefunden; es wird aber postuliert, dass die Wechselwirkungsteilchen der Gravitation die Gravitonen sind. Diese bisher hypothetischen Teilchen übertragen demnach die Kraft der Gravitation – ohne Gravitonen keine Schwerkraft!

Im folgenden wollen wir uns anschauen, ob Gravitonen unendlich stabil sind und damit auf immer und ewig ihre Funktion ausüben können. In Kapitel 15 haben wir aus logischen Überlegungen heraus geschlussfolgert, dass Schwarze Löcher in ihrem Inneren verschiedene Kompaktheitsgrade aufweisen können, abhängig von deren Masse. Je mehr Masse ein Schwarzes Loch besitzt, umso kompakter ist sein innerer Kern.

Die schwersten uns bekannten Schwarzen Löcher haben eine Masse von über zehn Milliarden Sonnenmassen.[5] Zum Vergleich: Das Schwarze Loch im Zentrum unserer Milchstraße hat eine Masse von vier Millionen Sonnenmassen, ist also rund tausendmal leichter, gehört aber trotzdem zu den sogenannten supermassereichen Schwarzen Löchern. Im Gegensatz dazu kann der Tod von Sternen nur kleine Schwarze Löcher produzieren, sogenannte stellare Schwarze Löcher mit Massen von 3 bis 100 Sonnenmassen.[8]

Folgende Auflistung soll illustrieren, dass der innere Kern von Schwarzen Löchern unterschiedlich kompakt sein könnte (siehe auch Kapitel 15). Die Auflistung beschreibt jeweils die Energien, die dem kompletten Kollaps von astronomischen Körpern entgegenwirken:

- Sonne:
  Gegendruck der Lichtteilchen
- Weißer Zwerg:
  Gegendruck der Elektronen
- Neutronenzwerg:
  Gegendruck der Neutronen
- Stellares Schwarzes Loch:
  Gegendruck von „unbekannt"
- Supermassereiches Schwarzes Loch:
  Gegendruck von „unbekannt"
- Noch viel schwereres Schwarzes Loch:
  ohne Gegendruck?

Die letzten drei Punkte in dieser Auflistung sind meine rein hypothetischen Überlegungen. Es ist auch nicht notwendig, dass stellare und supermassereiche Schwarze Löcher unterschiedliche Gegendrücke aufbauen können. Die Überlegung soll nur darlegen, dass der Kern eines Schwarzen Lochs durchaus unterschiedliche Eigenschaften haben darf, abhängig von dessen Masse; nur dass wir diese Unterschiede natürlich nie beobachten werden können.

Interessant wird die Überlegung jedoch dann, wenn wir überlegen, ob Schwarze Löcher auch Massen erreichen können, die noch viel schwerer sind als die von supermassereichen Schwarzen Löchern. Im derzeitigen Zustand des Universums sprechen physikalische Gründe dagegen, dass supermassereiche Schwarze Löcher noch viel, viel schwerer werden können als die bisher beobachteten. Anders ist es jedoch, wenn wir überlegen, dass unser Universum eines Tages (z.B. in hunderten von Billionen Jahren) kollabieren könnte und dann alle supermassereiche Schwarze Löcher unseres Universums miteinander verschmelzen würden. Was würde dann passieren?

Das logisch hergeleitete Szenario könnte wie folgt aussehen: Die Kerne der vielen, vielen supermassereichen Schwarzen Löcher verschmelzen miteinander. Dadurch wird der Kern noch viel, viel kompakter als er vorher schon war. Die Gegendrücke von bisher noch nicht entdeckten Teilchen, die sich dem kompletten Kollaps des Kerns des Schwarzen Lochs entgegenstemmen, können der unaufhörlichen Kraft der Gravitation nicht mehr standhalten. Die letzte Teilchensorte, die den totalen Kollaps aufhalten kann, sind die Gravitonen. Doch dann, wenn der Kern des Schwarzen Lochs einfach unermesslich schwer wird, wird selbst der Gegendruck der Gravitonen gebrochen!

Doch was passiert, wenn sogar die Gravitonen zusammengepresst werden? Was passiert, wenn die gesamte Masse/Energie des gesamten Universums z.B. auf den Durchmessers eines Medizinballs zusammengepresst wird?

Wenn die Gravitonen nicht mehr dafür sorgen können, dass die Gravitation ihre Kraft ausübt, dann verliert die Gravitation urplötzlich ihre Wirkung (die gravitativen Freiheitsgrade werden deaktiviert) – die einzige Kraft, die den Kern des Schwarzen Lochs zusammenhält, existiert plötzlich nicht mehr – mit dramatischen

Folgen. Denn nichts kann die Energie des Kerns des Schwarzen Lochs nun noch zusammenhalten, so dass der gesamte ultrakompakte „Medizinball" mit unglaublicher Geschwindigkeit wieder auseinanderfliegt – ein neuer Urknall ist geboren!

16.2 Ende gleich Anfang

In den folgenden drei Abschnitten werde ich, neben meinem eigenen im vorherigen Abschnitt vorgeschlagenen Szenario, drei weitere Szenarien aufzeigen, wie die Übergänge zwischen Universen aussehen könnten. In jedem dieser Abschnitte beschreibe ich eine „Was war vor dem Urknall?"-Theorie von zwei namhaften und hoch dotierten theoretischen Physikern sowie einem Mathematiker, der zugleich Science-Fiction-Autor ist.

Vor allem die beiden Physiker sind hoch angesehen, dennoch werden ihre Theorien (noch) nicht allgemein anerkannt. Interessant ist jedoch zu sehen, dass die Möglichkeiten, wie die Übergänge zwischen Universen aussehen könnten, zahlreich sind. Die in diesen Unterkapiteln aufgezeigten Ideen sollten auch nicht als entweder-oder interpretiert werden. Vielmehr bieten alle drei Theorien das Potenzial, sowohl untereinander als auch mit meinen eigenen Ideen kombiniert zu werden.

Als erste Theorie möchte ich Ihnen die von Roger Penrose vorstellen. Sir Roger Penrose erhielt für seine wissenschaftlichen Arbeiten zahlreiche Ehrungen, u.a. die höchsten Auszeichnungen der Royal Society sowie die Wolf-Medaille. In seinem Buch „Zyklen der Zeit" deutet er das Ende eines immer schneller expandierenden Universums als Urknall eines neuen Universums!

Er argumentiert hierbei, dass es sehr große Ähnlichkeiten zwischen den Eigenschaften des sehr späten Universums und den Eigenschaften des extrem frühen Universums gibt, d.h. den ersten Sekundenbruchteilen nach dem Urknall.[17] Betrachten wir die Argumentation nun Schritt für Schritt.

Astronomische Beobachtungen aktuelleren Datums deuten darauf hin, dass sich das Universum zunehmend beschleunigt ausdehnt. Dies bedeutet, dass sich das Universum sehr stark ausdünnen wird. Nachdem alle Sonnen erloschen oder explodiert sind und auch der Vorrat für die Geburt neuer Sonnen aufgebraucht sein wird, wird das Universum ziemlich leer und schwarz werden. Übrig bleiben v.a. die masselosen Photonen und Gravitonen sowie Schwarze Löcher.

Jedoch existieren selbst Schwarze Löcher nicht ewig – an ihrem Rand strahlen sie durch quantenmechanische Effekte (der sogenannten Hawking-Strahlung) Photonen ab, wodurch Schwarze Löcher über einen sehr, sehr langen Zeitraum hinweg immer kleiner werden. Bei sehr großen Schwarzen Löchern, wie z.B. dem im Inneren unserer Milchstraße, dauert dies die schier unglaublich lange Zeit von ca. 10^{100} Jahre, eine eins mit hundert Nullen. Das heißt also, selbst die Schwarzen Löcher in diesem großen, langweiligen, schwarzen, leeren Weltraum verwandeln sich mit der Zeit in masselose Teilchen.

Dies ist insofern sehr interessant, als dass im ersten Sekundenbruchteil nach dem Urknall (ungefähr 10^{-32} Sekunden) das Universum ebenfalls aus masselosen Teilchen bestand. Das Universum war so extrem heiß, dass praktisch die gesamte Energie als kinetische Energie, also als Bewegungsenergie, vorgelegen hat; die Ruhemasse der Teilchen war so gut wie null.

Damit ist ein eleganter Übergang zwischen dem Ende und dem Anfang eines Universums geschaffen. Penrose untermauert seine Theorie natürlich mit umfangreichen mathematischen Abhandlungen, die wir an dieser Stelle natürlich nicht betrachten wollen. Stattdessen gehe ich auf zwei mögliche Einwände gegen die Theorie ein.

Das erste Gegenargument ist, dass zum Ende des Universums nicht nur Teilchen ohne Ruhemasse, wie z.B. Photonen und Gravitonen, sondern auch Teilchen mit Ruhemasse, wie z.B. Elektronen und Protonen, übrig bleiben werden. Penrose argumentiert, dass die Ruhemasse eines Teilchens keine Konstante sein muss. Die Teilchen könnten im Zuge des Verdünnungsprozesses des Universums über einen sehr, sehr langen Zeitraum ihre Ruhemasse allmählich verlieren. Masselose Teilchen „spüren" keine Zeit, es ist unmöglich aus masselosen Teilchen eine Uhr jedweder Art zu bauen, selbst nicht im mathematischen Sinne. Für masselose Teilchen hat Zeit also keine Bedeutung; in anderen Worten, selbst die „Ewigkeit" wäre für masselose Teilchen „so gut wie nichts".

Eine moderne Sicht auf den Sinn des Lebens und unsere Stellung im Kosmos

Das zweite Gegenargument sind natürlich die enormen Skalenunterschiede zwischen dem extrem großen sterbenden Universum und dem extrem kleinen, neuen Universum. Für diese Unterschiede zeigt Penrose, zumindest aus mathematischer Sicht, überzeugende Argumente auf.

Hierbei muss man wissen, dass in der Mathematik Reskalierungen nichts Ungewöhnliches sind. Große und kleine Skalen dürfen nämlich ineinander umgewandelt werden, weil mit Stauchungen extrem großer Abstände, Streckungen der zugehörigen Impulse einhergehen. Dies bedeutet, das Produkt aus Abstand und Impuls bleibt auf beiden Skalen identisch! Weil auch alle anderen Erkenntnisse, die wir bisher über unser Universum gewinnen konnten, mathematisch exakt beschreibbar sind, ist es naheliegend, dass Umwandlungen des Universums von extrem groß zu extrem klein, tatsächlich auch in der Realität stattfinden können, sowohl in der Vergangenheit als auch in der Zukunft.

Um für uns nicht-mathematisch denkenden Menschen ein eingängigeres Bild zu schaffen, könnte man sich vorstellen, dass das extrem große, sterbende Universum sich einmal um sich selbst herum „windet", so dass es wieder mit einem neuen Urknall beginnt.

Nicht zuletzt verknüpft Penrose das Gesagte sehr ausführlich mit dem Zweiten Hauptsatz der Thermodynamik, der besagt, dass die Unordnung (fachlich genauer: die Entropie) niemals abnehmen kann. Es ist sogar so, dass die Entropie zu Beginn unseres Universums relativ klein war und seitdem immer weiter ansteigt, und zwar v.a. verursacht durch die vielen gravitativen Freiheitsgrade von Materieteilchen. Diese gravitativen Freiheitsgrade münden in der Entstehung von vielen Milliarden Sonnen, schließlich aber auch in Schwarzen Löchern.

Nun ist es so, dass Schwarze Löcher den größten Teil der Entropie in unserem Universum ausmachen. In Schwarzen Löchern verlieren nach Penrose's Ansicht jedoch alle Materieteilchen, zu einem aus zeitrelativistischen Gründen nicht zu bestimmenden Zeitpunkt, den größten Teil ihrer Freiheitgrade; für die Experten unter uns: der Phasenraum verkleinert sich. Ohne den Zweiten Hauptsatz der Thermodynamik zu verletzen, erschließt sich so auf sehr elegantem Weg der Übergang von einem alten Universum mit hoher Entropie zu einem Nachfolge-Universum mit geringer Entropie.

Dass Schwarze Löcher offensichtlich eine zentrale Bedeutung für die Entwicklung neuer Universen haben, wurde in diesem Szenario deutlich. Das Szenario im folgenden Kapitel treibt diese Sichtweise auf die Spitze und kombiniert sie zudem mit sehr irdischen Erfahrungen.

16.3 Evolution der Universen

Der amerikanische Physik-Professor Lee Smolin beantwortet in seinem Buch „Warum gibt es die Welt?" bisher ungelöste Fragen der Astrophysik mit Antworten, die wir gedanklich eigentlich in den Bereich der Biologie legen. Mit der Beschreibung der Mechanismen der Evolution hat Charles Darwin zu seiner Zeit die damalige Sicht auf die Entstehung des Lebens grundlegend erschüttert, vielleicht wird dies auch mit unserer heutigen Sicht auf die Entstehung von Universen passieren.

Wie wir in Kapitel 2 gesehen haben, ist die Wahrscheinlichkeit, dass ein Universum exakt die Bedingungen erfüllt, dass in ihm Leben entstehen kann, extrem gering. Wenn wir uns jedoch vorstellen, dass diese Bedingungen Produkt eines Evolutionsprozesses sind, steigt die Wahrscheinlichkeit für ein lebensfreundliches Universum plötzlich rapide an.

Die Evolutionslehre besagt, dass jedes Individuum ein kleines bisschen anders ist als die anderen Individuen; hierdurch hat jedes Individuum eine etwas unterschiedlich hohe Überlebenswahrscheinlichkeit. Genau diesen Sachverhalt postuliert Smolin für ganze Universen; demnach ist unser eigenes Universum nur deshalb so lebensfreundlich, weil sich in Zyklen von sehr, sehr vielen Universen die lebensfreundlichen Universen gegenüber den lebensfeindlichen Universen durchgesetzt haben! Dies ist wahrlich eine aufregende Hypothese, die die zu Darwins Zeiten revolutionäre Idee auf eine allgemeingültige Ebene hieven würde.

Wieso hat ein lebensfreundliches Universum nun aber eine höhere Existenzwahrscheinlichkeit als ein lebensfeindliches? Smolin beantwortet dies wie folgt: Weil Schwarze Löcher die Geburtsstätten neuer Universen sind, korreliert die Anzahl Schwarzer Löcher in einem Universum mit dessen Lebensfreundlichkeit.[20]

Diesem Satz zu glauben, bedarf natürlich großer Überzeugungsarbeit, so dass ich im Folgenden versuchen werde, seine Argumente darzulegen. Auch wenn seine Theorie wahrscheinlich nicht der Weisheit letzter Schluss sein wird, ist es in meinen Augen aber vor allem wichtig, Ideen aus Smolins Theorie zu schöpfen, d.h. Teile seiner Theorie für unsere eigene Sicht der Welt zu nutzen.

Smolins Theorie basiert auf zwei Postulaten. Das erste Postulat besagt, dass sich im Inneren eines Schwarzen Lochs keine Singularität bildet, d.h. unabhängig von der Masse des Schwarzes Lochs hat dessen Zentrum immer eine Ausdehnung und sei sie noch so klein. Einsteins Relativitätstheorie fordert zwar, dass sich dort eigentlich eine Singularität ausbilden müsste, allerdings glauben sehr viele Physiker, dass die Relativitätstheorie unter diesen sehr extremen Bedingungen unvollständig ist.

Die Folge daraus, dass im Zentrum eines Schwarzen Lochs keine Singularität entsteht, ist, dass dort auch die Zeit weder beginnen noch enden kann. Die Zeit kann sich folglich in einen neuen Bereich der Raum-Zeit erstrecken. Mit anderen Worten, Schwarze Löcher sind Geburtsstätten neuer Universen in einem uns nicht zugänglichen Bereich der Raum-Zeit. Anders herum gedacht, auch der Urknall unseres Universums entsprang einem Schwarzen Loch eines Vorgänger-Universums!

Smolins zweites Postulat besagt, dass sich die Naturkonstanten beim Übergang vom Schwarzen Loch in das neue Universum etwas verändern können. Genauso wie sich also in der Evolutionstheorie zwei Individuen etwas voneinander unterscheiden, können sich auch „Baby-Universum" und „Mutter-Universum" etwas voneinander unterscheiden. Diese kleinen Unterschiede legen den Grundstein für den Evolutionsprozess von Universen. Der Evolutionsdruck schiebt die Naturkonstanten langsam in einen Bereich, der die Produktion von Schwarzen Löchern fördert, denn: je mehr Schwarze Löcher ein Universum beherbergt, umso mehr Nachfolge-Universen können entstehen; mit anderen Worten: das „Mutter-Universum" mit den meisten „Baby-Univsersen" ist am erfolgreichsten.

Wieso ist es nun aber so, dass ein Universum mit vielen Schwarzen Löchern ein lebensfreundliches Universum ist? Die Antwort ist einfach. Die meisten Schwarzen Löcher entstehen aus Sternen, und Sterne sind die zentrale Bedingung für die Entstehung von Leben. Wenn man die Naturkonstanten unseres Universums etwas abändern würde, wäre es tatsächlich so, dass es nicht nur lebensfeindlich werden würde, sondern auch, dass weniger Schwarze Löcher produziert würden; die derzeitigen Größen der Naturkonstanten garantieren eine (fast) maximale Anzahl an Schwarzen Löchern in unserem Universum. Böse gesprochen wäre die Entstehung von Leben also zufälliges Nebenprodukt des „Wunsches" unseres Universums nach sehr vielen Nachkommen.

Das größte Problem, das ich mit Smolins Theorie habe, ist, dass aus einem großen „Mutter-Universum" sehr viele kleine „Baby-Universen" entstehen würden, die ihrerseits noch kleinere „Baby-Universen" erzeugen würden, usw. Damit also ein so riesiges Universum wie das unsere hätte entstehen können, müssten auf irgendeine Art und Weise viele „Baby-Universen" miteinander verschmolzen sein. Es ist nicht ausgeschlossen, dass dies tatsächlich passiert ist, es ist jedoch ein Beispiel dafür, dass die vorgestellte Theorie noch nicht vollständig ist.

Dies weiß auch Smolin selber, daher schließe ich dieses Kapitel mit einem Zitat von ihm: „Vielleicht hält der Vorschlag, den ich hier mache, einem experimentellen Test nicht stand. Suchen wir jedoch nach einer wissenschaftlichen Erklärung für die Parameterwerte [Anm.: Smolin meint die exakte Abstimmung der Naturkonstanten, siehe Kapitel 3] ..., so wird man kaum von der Möglichkeit absehen können, dass es in der Kosmologie einen der natürlichen Auslese vergleichbaren Mechanismus geben muss."

16.4 Intelligentes Leben als Schöpfer

Der amerikanische Mathematiker und Theoretiker James Gardner glaubt ebenfalls, dass sich Universen mittels Baby-Universen „fortpflanzen". Jedoch glaubt er nicht, anders als Smolin, dass die Triebfeder für diesen Prozess die natürliche Entstehung von Schwarzen Löchern ist, sondern dass sehr weit entwickelte intelligente Lebewesen zur Energiegewinnung „künstliche" Schwarze Löcher hergestellt haben und herstellen werden und Naturkonstanten, die in diesen Schwarzen Löchern gelten sollen, selber bestimmen können.[6] Demnach wäre also intelligentes Leben Schöpfer von neuen Universen und auch unser Universum ist nur deshalb so lebensfreundlich, weil intelligentes Leben für unser Universum die genau passenden, lebensfreundlichen Naturkonstanten gewählt hat!

Diese These mutet zunächst sehr unglaubwürdig an und auch ich selber bin kein blühender Verfechter dieser Theorie. Dennoch können wir auch aus diesem Szenario wieder eigene Ideen schöpfen und es ist lohnenswert, sich mit Gardners Argumenten auseinander zu setzen, um auf diesem Weg auch völlig neue Sichtweisen beim Erstellen neuer Theorien zuzulassen.

Gardners Szenario fußt auf Smolins Idee, dass die Entwicklung neuer Universen ein evolutiver Prozess ist. Bei Smolins Idee fehlt jedoch laut Gardner eine solide Begründung, warum die Naturkonstanten im Baby-Universum ähnliche Werte haben wie im Mutter-Universum.

Gardner zitiert den berühmten Computer-Pionier John von Neumann, der gezeigt hat, dass *jedes* sich selbst reproduzierende Objekt, z.B. ein Lebewesen, vier fundamentale Komponenten enthalten muss: eine Blaupause (blueprint), eine Fabrikationsstätte (factory), eine Steuereinheit (controller) und eine Vervielfältigungsmaschine (duplicating machine). Zwar beinhaltet Smolins Theorie eine Blaupause in Form der lebensfreundlichen

Naturkonstanten und eine Fabrikationsstätte in Form des gesamten Universums. Smolins Theorie mangelt es jedoch an einer Steuereinheit und einer Vervielfältigungsmaschine; beides bietet Gardners Theorie.

Die Steuereinheit sind demnach evolutive Prinzipien, die so ausgerichtet sind, dass selbst auf kosmischem Maßstab Selbstorganisation und Reproduktion stattfindet. Die Prinzipien sind innewohnender Teil des Universums, das heißt das Universum ist geradezu darauf ausgerichtet, dass komplexes, intelligentes Leben entsteht. Dass die Naturkonstanten so lebensfreundlich sind, ist also alles andere als Zufall.

Die Vervielfältigungsmaschine ist schließlich intelligentes Leben, das große Teile des Kosmos durchdrungen hat und evolutiv nicht nur extrem hoch entwickelt ist, sondern am hypothetischen Endpunkt der evolutiven Entwicklung sogar den Brückenschlag zwischen Universen bildet. Intelligentes Leben kann in dieser Form der stetig zunehmenden Entropie im Universum entgegenwirken, Ordnung kreieren und Kräfte organisieren, so dass es die leblose Materie und Energie vollständig dominieren kann. Auf diese Weise ist intelligentes Leben in der Lage, die Naturkonstanten von selbst erzeugten Schwarzen Löchern exakt so anzupassen, dass die hieraus erzeugten neuen Baby-Universen für die Entstehung von Leben ideal angepasst sind.

Mit unserer bisherigen, begrenzten Intelligenz fehlen uns selbst die theoretischen Ideen, wie die Baby-Universum-Herstellung konkret realisiert werden könnte; völlig abwegig scheint mir Gardners Idee jedoch nicht, auch wenn mir andere Entstehungsszenarien von Universen logischer erscheinen.

An anderer Stelle habe ich mit Gardners Theorie jedoch ein fundamentales Problem. Zum Zeitpunkt, als eine hoch entwickelte intelligente Zivilisation zum allerersten Mal Baby-Universen hätte herstellen können, hätte diese ja bereits in einem lebensfreundlichen Universum leben müssen. Zumindest dieses lebensfreundliche Universum hätte also auf natürlichem Weg entstehen müssen, so dass Gardners Theorie an dieser Stelle unvollständig ist. Gardner versucht zwar einen Weg aus diesem Dilemma zu finden, indem er beschreibt, dass Einsteins Relativitätstheorie geschlossene Zeitkurven erlaubt, die unsere ferne Zukunft mit unserer weit entfernten Vergangenheit verbindet – unser jetziges Universum wäre demnach sein eigenes Mutter-Universum! Auch mit dem besten Willen erscheint mir diese Erklärung jedoch als unlogisch und muss offensichtlich als Theorieretter herhalten.

Davon einmal abgesehen gibt Gardners Theorie jedoch interessante Denkanstöße, welche Möglichkeiten hoch entwickeltes Leben in ferner Zukunft noch haben könnte, hoch komplexe Strukturen und Systeme zu entwickeln, deren Erschaffer sich wahrlich als Schöpfer bezeichnen dürften.

Teil V Zyklen des komplexen Seins

17 Postulate

In diesem abschließenden Teil möchte ich die Aussagen des Buches noch einmal prägnant zusammenfassen. Die Prägnanz erfolgt durch Aufstellen von Postulaten, für deren Herleitung ich auf die entsprechenden Kapitel verweise, die das jeweilige Thema behandeln.

1. Postulat: Unser jetziges Universum hatte ein Vorgänger-Universum und wird ein Nachfolge-Universum haben (siehe Kapitel 2, 4 und 16).

2. Postulat: Jedes Nachfolge-Universum ist etwas größer (= energiereicher) als das jeweilige Vorgänger-Universum. Das allererste Universum hatte sich vor einer unvorstellbar großen Anzahl an Vorgänger-Universen aus dem absoluten Nichts entwickelt (siehe Kapitel 8 und 11).

3. Postulat: Höhere Komplexitätsstufen werden stets durch das Wechselspiel aus Interaktionen und Differenzierungen erklommen:
Komplexität = Interaktion + Differenzierung (siehe Kapitel 8).
Differenzierung schafft Vielfalt, wodurch wiederum die Anzahl an Interaktionsmöglichkeiten erhöht wird.

4. Postulat: Sämtliche Materie, also auch wir Menschen, bestehen im tiefsten Inneren aus winzigsten Energieeinheiten (siehe Kapitel 5).

5. Postulat: In den Nachfolge-Universen unseres Universums werden diese winzigen Energieeinheiten immer und immer wieder genauso hohe Komplexitätsstufen erreichen wie in unserem Universum (Herleitung aus dem 3. und 4. Postulat). Deshalb werden wir ewig sein, ewig leben und ewig die Welt begreifen und verstehen (siehe Kapitel 4 und 18).

18 Zirkuläre Sicht auf das Ewige Sein

In diesem Buch haben wir Reisen zum extrem Kleinen, zum extrem Großen und zum extrem Komplexen unternommen. Um Antworten auf unsere Fragen nach dem Sinn des Lebens zu finden, waren diese Reisen unumgänglich. Den Sinn unseres eigenen Seins können wir nur dann verstehen, wenn wir unsere Position kennen, sowohl unsere Position im Raum als auch unsere Position in der Zeit.

Das Universum ist zwar unvorstellbar groß, aber im Vergleich zur Komplexität der anderen Strukturen im Universum ist die Komplexität, die die Menschheit erreicht hat, um ein Vielfaches größer. Nicht ohne Grund liegt die Größenordnung der menschlichen Eizelle genau in der Mitte zwischen der größten und der kleinsten bekannten Größe im Universum. Nur im Bereich der Größenordnungen, die der Mensch aus seinem Alltag kennt, ist die Natur in der Lage, sehr hohe Komplexitätsgrade zu erreichen. Mit diesem Blick auf die Welt ist der Mensch tatsächlich die Krone der Schöpfung – ein König im Reich der Komplexität.

Dies bedeutet natürlich nicht, dass es nicht auch auf zahlreichen anderen Himmelskörpern in diesem Universum Könige der Komplexität gibt und geben wird. Zwar ist es im Universum ein sehr seltenes Ereignis, einen Grad der Komplexität zu erreichen, wie ihn die Menschheit erreicht hat. Dennoch dürften im Universum viele Milliarden zivilisierte Kulturen leben, die mindestens genauso weit entwickelt sind wie wir.

Wer jedoch aufgrund des hohen Komplexitätsgrads, den die Menschheit bisher erreicht hat, glaubt, Antworten nach dem Sinn des Lebens nur bei der Krone der Schöpfung, also im Reich der Könige, finden zu können, der täuscht sich. Jeder der versucht, den Sinn des Lebens nur bei den Menschen zu finden, wird unweigerlich scheitern! Nur wer sich selbst als Mensch im Kontext des gesamten Netzes der Welt wahrnimmt, wird den Sinn des Lebens spüren können.

Das Universum ist unvorstellbar alt, aber wir Menschen werden, wenn es gut läuft, gerade einmal ca. hundert Jahre alt. Aus dieser frustrierenden Erkenntnis heraus hat sich in der menschlichen Vorstellung ein Bild entwickelt, das sehr vielen Menschen Hoffnung gibt. Nach dieser Vorstellung werden wir nach unserem Tod gen Himmel fahren und dort ewig glücklich und erlöst sein. Das Bild lässt sich wie folgt zusammenfassen:

Lineare Sicht auf das Ewige Sein:
Ich lebe. → Ich sterbe. → Ich komme in den Himmel und erlebe ewige Glückseligkeit.

Im Grunde genommen ist diese Sicht auf unser Dasein nach dem Tod sehr vernüftig und richtig, wenn wir uns vergegenwärtigen, dass diese Vorstellung tausende Jahre alt ist und ohne Zuhilfenahme jeglicher moderner Hilfsmittel aufgebaut wurde. Wir werden nach unserem Tod tatsächlich ewig sein – diese Vorstellung unter den Menschen zu verbreiten ist richtig und beruhigt die Angst vor dem Tod.

Inzwischen haben wir moderne Möglichkeiten, diesen Blick auf unser Sein nach dem Tod anzupassen. Die Erkenntnisse der letzten Jahrzehnte, die ich in diesem Buch dargestellt habe, führen zwanglos zu einer Sicht auf unser Ewiges Sein, die mindestens genauso richtig und beruhigend sein kann, wie die oben dargestellte:

Zirkuläre Sicht auf das Ewige Sein:
Wir leben. → Wir sterben. → Es liegen auf ewig neue Lebensbedingungen vor. → Wir erleben auf ewig neue Herausforderungen. → Wir surfen auf ewig auf den Wellen der Komplexität (siehe Abbildung 4).

Abbildung 4: Das Meer als Symbol für das ewige Fortbestehen der Komplexität, die Höhe der Wellen symbolisiert den Grad von Komplexität. Die Wellen können immer größer und größer werden; die Höhe, die eine Welle dabei erreichen kann, ist prinzipiell unbegrenzt. Fortwährend können Wellen wieder Teil des Meeres werden, fortwährend entstehen aber auch immer wieder neue Wellen, auch sehr, sehr große Wellen. Sowohl in diesem als auch in allen Nachfolge-Universen wird die Komplexität (das Meer) ewig fortbestehen und auf ewig neue Wellen erzeugen.

Um diese moderne Sicht auf das Ewige Sein anzunehmen, ist ein gedanklicher Schritt notwendig, der auf den ersten Blick als schmerzhaft erscheinen mag, auf den zweiten Blick jedoch als Bereicherung verstanden werden darf:

Nach unserem Tod werden wir uns nicht mehr an unser altes Leben erinnern können. Nach unserem Tod werden wir zunächst andere Komplexitätsgrade annehmen, z.B. in Form von Wassertropfen und Luftmolekülen. Diese Formen des Seins sind zwar immer noch komplexer als das absolute Nichts (siehe Kapitel 8), aber bei weitem nicht in der Lage die Gedanken des früheren Menschen zu bewahren.

Doch so schmerzhaft diese Erkenntnis auch sein mag, so sehr kann sie uns auch bereichern. Wir Menschen dürfen uns als Bestandteil des gesamten Universums verstehen und in diesem Sinne nachhaltig mit unserer Umwelt umgehen.

Wir können unsere Umwelt als benachbarte Daseinsformen unserer Selbst wahrnehmen – mal existieren wir als Stein oder Sonnenstrahl, mal existieren wir als Wasser oder Luft, mal existieren wir als Schmetterling oder Breitmaulfrosch und mal existieren wir als Krone der Schöpfung. In welcher Form auch immer wir in diesem und in allen weiteren Universen sein werden, wir werden auf immer und ewig miteinander verbunden sein – wir werden ewig sein!

Weitere Informationen finden Sie auch auf:
www.ewiges-sein.de

Hier werden z.B. die Begriffe „Seele" und „Geist" aus wissenschaftlicher Sicht beschrieben.

Glossar

Austauschteilchen: siehe Wechselwirkungsteilchen

Boson: siehe Wechselwirkungsteilchen

Dunkle Energie: Antigravitativ wirkende Energie, die auf sehr großen Maßstäben die Materie des Universums auseinandertreibt.

Dunkle Materie: Materie im Universum, die nicht direkt sondern nur aufgrund derer gravitativen Wechselwirkungen mit dem Rest des Universums nachweisbar ist.

Elektron: Baustein von Atomen, negativ geladen. Die gesamte für den Menschen sichtbare Welt besteht ausschließlich aus Protonen, Neutronen, Elektronen und Photonen.

Entartungsdruck: Quantenmechanische Prozesse von Elektronen und Neutronen „gewinnen" gegen die Gravitation und lassen dadurch weiße Zwerge bzw. Neutronensterne entstehen.

Entropie: (In Teilen) messbare Größe aus der Wärmelehre. Fachlich ungenau: Maß der Unordnung. Lebewesen sind nur deshalb in der Lage, lokal Ordnung aufzubauen, weil gleichzeitig die Entropie des gesamten Universum zunimmt.

Graviton: Hypothetisches Wechselwirkungsteilchen der Gravitation.

Hawking-Strahlung: Aus quantenmechanischen Überlegungen heraus abgeleitetes „Verdampfen" Schwarzer Löcher über einen extrem langen Zeitraum.

Helium: Nach Wasserstoff das zweitkleinste Atom. Es besteht aus zwei Protonen, zwei Neutronen und zwei Elektronen.

Kosmologie: Lehre des Universums (Kosmos), z.B. über dessen Ursprung, Entstehung und Entwicklung.

Fundamentale **Naturkonstanten:** In unserem Universum messbare Werte, die sich von keinen anderen Werten herleiten lassen. In anderen Universen könnten diese Naturkonstanten andere Werte haben und dadurch die Eigenschaften des jeweiligen Universums drastisch verändern.

Multiversum: Menge an parallel existierenden Universen (hypothetisch).

Nachfolge-Universen: Universen, die in einer zeitlichen Abfolge von Universen nach dem unsrigen existieren werden.

Neutron: Baustein von Atomkernen. Die gesamte für den Menschen sichtbare Welt besteht ausschließlich aus Protonen, Neutronen, Elektronen und Photonen.

Neutronenstern: Sternenleiche. Entsteht, wenn ein Stern stirbt, der deutlich größer als die Sonne ist.

Phasenraum: Menge aller möglichen Zustände eines physikalischen Systems.

Photon: Lichtteilchen. Ein Photon ist masselos und kann sich deshalb mit Lichtgeschwindigkeit bewegen. Die gesamte für den Menschen sichtbare Welt besteht ausschließlich aus Protonen, Neutronen, Elektronen und Photonen.

Planck-Einheiten: Aus sehr fundierten theoretischen Überlegungen heraus errechnete Obergrenzen für die kleinstmöglichen existierenden Größen, z.B. Planck-Länge, Planck-Zeit, Planck-Masse.

Positive Rückkopplung: Sich selbst verstärkender Prozess.

Preon: Hypothetischer Baustein von Quarks und Elektronen. Bisher fehlen experimentelle Hinweise und auch einige theoretische Überlegungen sprechen gegen die Existenz von Preonen.

Proton: Baustein von Atomkernen, positiv geladen. Die gesamte für den Menschen sichtbare Welt besteht ausschließlich aus Protonen, Neutronen, Elektronen und Photonen.

Quant: Eine nicht mehr weiter teilbare Einheit, z.B. ein nicht mehr weiter teilbares Teilchen.

Quantenmechanik: Sehr weit anerkannte und vielfach bestätigte Theorie, die sich mit den teils sehr bizarren physikalischen Eigenschaften (sub)atomarer Strukturen beschäftigt.

Quark: Baustein von Protonen und Neutronen. Protonen und Neutronen bestehen jeweils aus drei Quarks. Quarks können nicht einzeln existieren.

RNA: Ribonukleinsäure (ribonucleic acid). Allen Zellen innewohnende Molekülketten, die sowohl genetische Informationen (über)tragen als auch Zellstoffwechsel-Aufgaben übernehmen. Es wird allgemein vermutet, dass die ersten Zellen auf der Erde RNA enthielten aber noch keine DNA oder Proteine („RNA-zuerst-Hypothese").

Schwarzes Loch: Eine Masse, die so kompakt ist, das noch nicht einmal Licht ihrem Gravitationsfeld entkommen kann.

Selbstorganisierende Komplexität (Selbstorganisation): Entstehung von höher geordneten Zuständen aus zuvor niedriger geordneten Zuständen ohne äußeren Einfluss. Sie wird angestoßen durch Zufallsinteraktionen und gefestigt durch positive Rückkopplungsschleifen.

Theorie von allem: TOE, theory of everything. Zusammenführung von Einsteins Relativitätstheorie und der Quantenmechanik zu einer Theorie der **Quantengravitation**. Niemanden ist diese Zusammenführung bisher gelungen, aber es gibt theoretische Ansätze, z.B. die String-Theorie und die Schleifen-Quantengravitation (siehe Kapitel 5).

Universum: Gesamtmenge an Raum, Materie und Energie, die durch „unseren" Urknall entstanden ist.

Vorgänger-Universen: Universen, die in einer zeitlichen Abfolge von Universen vor dem unsrigen existiert haben.

Wasserstoff: Kleinstes Atom. Es besteht nur aus einem Proton und einem Elektron.

Wechselwirkungsteilchen: Teilchen, die eine Kraft übertragen. Vom masselosen Photon einmal abgesehen, werden Wechselwirkungsteilchen erst dann detektierbar, also beobachtbar, wenn ihnen, z.B. in Teilchenbeschleunigern, große Energie zugeführt wird. Übersicht: siehe Tabelle 3 in Kapitel 16.

Weißer Zwerg: Sternenleiche. Entsteht, wenn ein mittelgroßer Stern, wie z.B. die Sonne, stirbt.

Zyklen von Universen: Fortwährende Entstehung eines Nachfolge-Universums aus einem jeweiligen Vorgänger-Universum.

Literatur

1 Bojowald, M., 2010, Der Ur-Sprung des Alls, Spektrum der Wissenschaft Dossier, 3/2010, 6-12.

2 Bounama, C., von Bloh, W. und Franck, S., 2004, Das Ende des Raumschiffs Erde, Spektrum der Wissenschaft Spezial, 2/2007, 83-90.

3 Camejo, S. A., 2007, Skurrile Quantenwelt, Fischer, Frankfurt am Main.
   • *Wen einige mathematische Formeln nicht abschrecken, erhält leicht verständliche Erklärungen zur Quantenphysik (Schrödingers Katze, Bell'sche Ungleichung, etc.).*

4 Capra, Fritjof, 1999, Lebensnetz – Ein neues Verständnis der lebendigen Welt, Knaur, München.
   • *<u>Das</u> Buch zum Thema Selbstorganisation von Leben – in Kapitel 5 beim Thema Dissipative Strukturen hatte ich mein aha-Erlebnis, wie scheinbar aus Nichts Leben entstehen kann.*

5 Dambeck, T., 2013, Beherrscht vom Schwarzen Loch, Spektrum der Wissenschaft Spezial, 2/2013, 48-49.

6 Gardner, James N., 2003, Biocosm – The new scientific theory of evolution: intelligent life is the architect of the universe, Inner Ocean, Makawao.
   • *Fasst u.a. die von Rees (2000) beschriebenen lebensfreundlichen Naturkonstanten zusammen. Erklärt, dass intelligentes Leben Universen erschaffen (haben) könnte.*

7 Goldsmith, Donald, 2012, Die ferne Zukunft der Sterne, Spektrum der Wissenschaft, 6/2012, 40-47.

8 Greene, J.E., 2013, Mittelgewichte unter den Schwarzen Löchern, Spektrum der Wissenschaft Spezial, 2/2013, 38-46.

9 Harf, Rainer, 2011, Die Geburt der Welt, Geo kompakt, Nr. 29, 30-46.

10 Hayes, Brian, 2014, Die neuronalen Netze werden erwachsen, Spektrum der Wissenschaft, 09/2014, 62-67.

11 Jenkins, Alejandro und Perez, Gilad, Leben im Multiversum, Spektrum der Wissenschaft Dossier, 4/2011, 74-82.

12 Krauss, Lawrence M., 2013, Ein Universum aus Nichts – ... und warum da trotzdem etwas ist, Knaus, München.

13 Launhardt, R., 2013, Das wechselhafte Leben der Sterne, Spektrum der Wissenschaft, 8/2013, 46-56.

14 Lincoln, D., 2013, Das Innenleben der Quarks, Spektrum der Wissenschaft, 12/2013, 46-53.

15 Lorenz, Konrad, 1973, Die Rückseite des Spiegels – Versuch einer Naturgeschichte menschlichen Erkennens, R. Piper & Co., München.
 • *Mein aha-Erlebnis als Jugendlicher: Der Mensch unterscheidet sich vom Tier (nur) aufgrund seiner Fähigkeit, objektunabhängig Informationen an nachfolgende Generationen weiterzugeben. Vor wenigen Jahren erst habe ich die Tragweite dieses Unterschieds in vollem Umfang begriffen.*

16 Marean, Curtis W., 2010, Als die Menschen fast ausstarben, Spektrum der Wissenschaft, 12/2010, 59-65.

17 Penrose, Roger, 2010, Zyklen der Zeit – eine neue ungewöhnliche Sicht des Universums, Spektrum Akademischer Verlag, Heidelberg.
 • *Ein Meilenstein – Penrose erklärt warum, obwohl die Entropie unseres Universums stetig zunimmt (mit der Gravitation als einzigem „Gegner"), an dessen Ende doch wieder ein neues Universum entstehen kann.*

18 Rees, Martin, 2000, Just six numbers – The deep forces that shape the universe, Basic Books, New York.
 • *Noch ein Meilenstein – Rees erklärt, wie exakt die Naturkonstanten aufeinander abgestimmt sind, damit unser Universum lebensfreundlich ist.*

19 Ricardo, Alonso und Szostak, Jack W., 2010, Der Ursprung des irdischen Lebens, Spektrum der Wissenschaft Dossier, 3/2010, 6-13.

20 Smolin, Lee, 1997, Warum gibt es die Welt? – Die Evolution des Kosmos, dtv, München.
   • *In seinem Epilog findet Smolin eine Metapher für das Universum: Es ist eine Stadt; Zitat: „… eine nicht endende Konstruktion von Neuem aus Altem. Keiner hat die Stadt gemacht; es gibt keinen Stadtmacher … . Wenn sich eine Stadt selbst erschaffen kann, warum kann das Gleiche nicht auch für das Universum gelten?".*

21 Steinhardt, P. J., 2011, Kosmische Inflation auf dem Prüfstand, Spektrum der Wissenschaft, 8/2011, 40-48.

22 Ward, P., 2009, Gaias böse Schwester, Spektrum der Wissenschaft Dossier, 1/2011, 78-82.

www.ingramcontent.com/pod-product-compliance
Lightning Source LLC
Chambersburg PA
CBHW020920180526
45163CB00007B/2812